职业技能培训鉴定教材

化妆师

（基础知识）

编审委员会

刘秉魁　杨树云　白丽君　陈敏正　毛戈平　李东田　沈小君

编写人员

总　主　编　沈小君

执行主编　陈　郁

执行副主编　于京民　张　延

编　　　者（以姓氏笔画为序）

于京民　许　佳　孙清泉　孙　睿　杜怀雪　杜菁菁　汪　琳　张　延　陈　郁　金厚权　唐郡忆　彭秋云

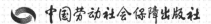
中国劳动社会保障出版社

图书在版编目（CIP）数据

化妆师.基础知识/人力资源和社会保障部教材办公室组织编写. —北京：中国劳动社会保障出版社，2016

职业技能培训鉴定教材

ISBN 978-7-5167-2275-6

Ⅰ.①化…　Ⅱ.①人…　Ⅲ.①化妆 – 职业技能 – 鉴定 – 教材　Ⅳ.①TS974.1

中国版本图书馆 CIP 数据核字（2016）第 018070 号

出版发行　中国劳动社会保障出版社

地　　址　北京市惠新东街 1 号

邮政编码　100029

印刷装订　北京北苑印刷有限责任公司

经　　销　新华书店

开　　本　787 毫米 ×1092 毫米　16 开本

印　　张　13

字　　数　299 千字

版　　次　2016 年 1 月第 1 版

印　　次　2017 年 2 月第 2 次印刷

定　　价　34.00 元

读者服务部电话：(010) 64929211/64921644/84626437

营销部电话：(010) 64961894

出版社网址：http://www.class.com.cn

前　言

　　1994 年以来，原劳动和社会保障部职业技能鉴定中心、教材办公室和中国劳动社会保障出版社组织有关方面专家，依据《中华人民共和国职业技能鉴定规范》，编写出版了职业技能鉴定教材及其配套的职业技能鉴定指导 200 余种，作为考前培训的权威性教材，受到全国各级培训、鉴定机构的欢迎，有力地推动了职业技能鉴定工作的开展。

　　原劳动和社会保障部从 2000 年开始陆续制定并颁布了国家职业技能标准。同时，社会经济、技术不断发展，企业对劳动力素质提出了更高的要求。为了适应新形势，为各级培训、鉴定部门和广大受培训者提供优质服务，人力资源和社会保障部教材办公室组织有关专家、技术人员和职业培训教学管理人员、教师，依据国家职业技能标准和企业对各类技能人才的需求，研发了职业技能培训鉴定教材。

　　新编写的教材具有以下主要特点：

　　在编写原则上，突出以职业能力为核心。教材编写贯穿"以职业技能标准为依据，以企业需求为导向，以职业能力为核心"的理念，依据国家职业技能标准，结合企业实际，反映岗位需求，突出新知识、新技术、新工艺、新方法，注重职业能力培养。凡是职业岗位工作中要求掌握的知识和技能，均作详细介绍。

　　在使用功能上，注重服务于培训和鉴定。根据职业发展的实际情况和培训需求，教材力求体现职业培训的规律，反映职业技能鉴定考核的基本要求，满足培训对象参加各级各类鉴定考试的需要。

　　在编写模式上，采用分级模块化编写。纵向上，教材按照国家职业资格等级单独成册，各等级合理衔接、步步提升，为技能人才培养搭建科学的阶梯型培训架构。横向上，教材按照职业功能分模块展开，安排足量、适用的内容，贴近生产实际，贴近培训对象需要，贴近市场需求。

　　在内容安排上，增强教材的可读性。为便于培训、鉴定部门在有限的时间内把最重要的知识和技能传授给培训对象，同时也便于培训对象迅速抓住重点，提高学习效率，在教材中精心设置了"培训目标"等栏目，以提示应该达到的目标，需要掌握的重点、难点、鉴定点和有关的扩展知识。

　　本书在编写过程中，得到教育部中国老教授协会职业教育研究院、中国国际职业资格评价协会、东亚星空国际文化传媒（北京）有限公司的支持和帮助，在此表示衷心的感谢！

　　编写教材有相当的难度，是一项探索性工作。由于时间仓促，不足之处在所难免，恳切希望各使用单位和个人对教材提出宝贵意见，以便修订时加以完善。

人力资源和社会保障部教材办公室

目 录

第1章

职业素养

第1节

职业信念与职业行为习惯养成

> 信念是认知、情感和意志的有机统一体，是人们在一定的认识基础上确立的对某种思想或事物坚信不疑并身体力行的心理态度和精神状态。

一、职业信念和化妆师职业信念

1. 职业信念

职业信念是对职业所持的一种坚信态度。这种态度应该是持久而稳定的，甚至终身坚持、奉行不渝。

2. 化妆师职业信念

化妆师职业信念是化妆师对化妆职业所持的一种坚信态度。

二、职业道德

道德是一种社会意识形态。没有一定的道德规范，人类社会就无法发展。道德和职业道德是相互联系的。道德是职业道德的基础，职业道德是道德在职业活动中的具体表现。化妆师必须遵循职业道德规范，树立良好的职业形象，全心全意为人民服务，这样才能受到广大顾客的欢迎，从而推动化妆事业的发展。

人除了要有作为一个社会人的基本道德外，在不同的职业岗位上，还应具备这个职业所特定的职业道德。化妆师在化妆服务工作中，应严格、自觉地恪守职业道德，履行化妆师对行业、社会所负的道德责任和义务。

1. 道德

道德是由一定的经济关系决定的，依靠社会舆论、传统伦理习俗和人们的内心信念来维系，表现为善恶对立的社会意识和行为规范的总和。

道德在表现形式上是一种规范体系，它同法律、政治一样，也是社会用来调整个人同他人、个人同社会的利害关系的手段。其约束力不像法律那样需要一种特殊的外在强制力量来维持，而是主要来自人们的道德自觉性。道德的规范作用还表现在对善的行为进行表扬、评价，对恶的行为给予谴责、抑制。

2. 职业道德

职业道德是人们在一定的职业活动范围内所遵循的行为规范的总和。在日常生活中，各项规章制度、工作守则、生活公约、劳动规程等就是从事不同职业活动的人们所遵循的道德准则，也是职业道德的具体形式。

3. 化妆师的职业道德

化妆师在从事化妆工作过程中所应遵循的与化妆职业活动相适应的行为规范，就是化妆师的职业道德。

化妆师从事的化妆事业是为人民大众服务的高尚职业，化妆师的责任是满足社会塑造完美形象的需求，因此，必须具备高度的责任感，服务要热情周到，精益求精；要重视化妆质量，不能有丝毫的漫不经心和敷衍塞责；要善解人意，为顾客做好化妆服务工作。

化妆师除了要自觉遵守有关的法律法规和规章制度以外，还要不断加强自身修养，以德正己、以德敬业、以德悦人，使自己成为美的使者。

化妆师应培养的职业道德主要体现在：

（1）爱岗敬业。热爱化妆行业，把化妆事业当成自己职业生涯的重要选择并为之努力的追求。尽职尽责地做好本职工作。

（2）团结协作。化妆师不但要严于律己，还要有良好的团体意识，善于共同协作，创造和谐向上的集体氛围。

（3）志存高远。化妆师要有远大的理想和志向，不能满足于熟练掌握一般的简单操作，而要懂得原理和方法，并具有强烈的责任感和使命感，不断学习、勇于创新、提高心智，立志为中国化妆业的发展贡献力量。

（4）诚实可信。诚实可信是中华民族的美德，也是做人必备的品德。要对顾客一视同仁，友善礼貌。

（5）宽以待人。要有一颗宽容的心，不要斤斤计较、纠缠不休，将顾客的需求和利益放在首要的位置，尽量满足顾客的合理要求。

（6）良好形象。注重仪容仪表，随时保持良好的形象及最高的卫生标准，使顾客对化妆师产生信心。学习巧妙、高雅的职业谈吐，培养悦耳动听的声音，当他人说话时，要注意倾听。

（7）遵纪守法。化妆师要遵守国家的法律法规和与本职业有关的规章制度，不做违法乱纪的事。

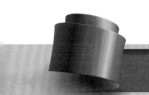

第2节

化妆师职业行为习惯养成

一、关于职业行为习惯

行为习惯是一个人在长期的生活和工作学习中所形成的一种不容易改变的行为倾向和社会风尚。一种好的行为习惯让人受益终生，但一种坏的行为习惯会让人终生烦恼。

1. 行为习惯

行为习惯是由于无数次的重复或练习而逐步固定下来，变成自动化或半自动化的行为方式。良好的行为习惯就是使人能终身受益的行为习惯。思想决定行为，行为决定习惯，习惯决定命运。良好的行为习惯是人一生的根基和资本。

2. 职业行为习惯

职业行为习惯是由于无数次的重复或练习本职业而逐步固定下来，变成自动化或半自动化的职业行为方式。

二、化妆师职业行为习惯要点

化妆师职业行为习惯是职业道德的最好的表现，具体表现在以下几方面：

1. 遵守国家法规及化妆场所的规章制度

（1）遵守化妆场所的物品管理制度。

（2）遵守化妆场所的考勤制度。

（3）工作时不会客。

（4）不背后议论同行。

（5）在工作岗位上不吃零食。

（6）工作中不看与美容无关的刊物。

（7）团结协作，服从领导。

（8）提前到岗并做好准备工作。

2. 保证消费者的利益

（1）服务中质价相符。

（2）销售中收费合理。

（3）服务的质量不受利润高低影响。

（4）不向顾客索取小费。

3. 尊重顾客

（1）尊重顾客的习惯、装束。

（2）尊重顾客的选择。

（3）尊重顾客的宗教信仰。

（4）不议论顾客。

（5）操作时不闲谈。

4. 确保顾客安全

（1）操作时注意安全用电并确保顾客的人身安全。

（2）替顾客保管物品，确保财产安全。

5. 爱护设备

（1）对仪器设备要善于保养。

（2）对各种设施的使用要规范。

（3）合理使用物品及合理用料。

6. 养成良好的卫生习惯

（1）化妆师的仪表就是最佳的广告，讲究仪表规范。

（2）防止口臭、体臭，注意自身卫生。

（3）定时消毒护肤用具。

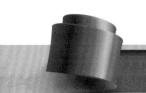 第 3 节

化妆师的职业形象

一、化妆师姿态规范

1. 站姿、坐姿

姿势是化妆师风度、举止的外在表现形式之一，正确的姿势能够改善仪态，在工作中带给人优雅的形象，并有助于预防疲劳；不合理的姿势，则会使人表现为不雅观、不文明。正确优美的姿势是可以通过训练形成的。

2. 化妆师的举止

化妆师的举止应当端庄文雅、落落大方。端庄文雅表现在举止符合一定标准，得体美观，体现出化妆师的职业特点。落落大方是指举止自然、不拘束，显示出内在的知识修养。

二、化妆师语言规范

悦耳的声音、文雅的言辞、有技巧的谈话会使顾客产生亲切感和信任感。

1. 语音语调

化妆师的语音应该清晰，音量适中，假如别人听不懂或听不清所讲的话，那么再悦耳动听的声音也是没有意义的。化妆师的语调应该是柔和、悦耳的。在语调中应该表达出亲切、热情、真挚、友善和谅解的思想感情及个性。

2. 谈话的主题和原则

（1）正确的谈话主题。化妆师应该尽量去了解顾客的心理，从而选择较佳的谈话主题。例如：化妆品、流行服饰、发型，顾客个人感兴趣的话题，顾客的个人爱好或活动，文学、艺术、旅游、教育、地方新闻，假期安排或假日活动等。这些都需要化妆师具备丰富的知识。

（2）谈话的原则。为使谈话进行得愉快、气氛和谐，在谈话时，应采取以下基本原

则：主动打开话题，少说多听，不争论，始终保持愉快的心情，谈话内容不单调，不谈自己的私事，更不要背后议论他人长短，不谈不问别人的私事，不要表现出处处比别人强而威胁到他人。应用简单、易懂的言辞，不使用粗话。

三、化妆师形象规范

良好的清洁习惯，高标准的个人卫生要求，不仅能够增加化妆师的自尊、自信，也是化妆工作的需要。

1. 化妆师良好的清洁习惯

随时携带干净的手帕或纸巾、化妆棉，避免与他人共用毛巾、茶杯、化妆品、梳子等物品。

2. 化妆师的个人卫生要求

（1）头发。要保持清洁，经常洗发，发型要适合脸型特点，留长发者工作时要束发。

（2）面部。化妆师的面部皮肤应加强日常护理，工作时化淡妆，最忌脱妆或浓妆艳抹。

（3）口腔。保持口腔清洁。工作前不吃葱、蒜、韭菜等带有刺激味的食品，不吸烟、不喝酒，工作中不嚼口香糖。

（4）手。加强手部护理，保持手部干净整洁，工作前后、厕后要洗手，不留长指甲。

（5）服饰。服饰整洁、舒适、大方，饰物不可过于华丽，鞋袜舒适、合脚，工作时不宜穿高跟鞋，保持鞋袜清洁、无异味。

（6）体味。经常沐浴，保持清洁，香水需使用清馨、淡雅味道的。

第2章

理论基础

第 1 节

化妆相关医学基础

一、面部骨骼（见图 2—1）

　　由美国罗切斯特大学医学中心牵头，斯坦福大学和哈佛大学一起进行的三校合作研究认为，人变老后有皱纹也许会选择去皱手术，但研究显示光让皮肤变平滑可能还不够，人变老后面部骨骼也发生了显著变化，尤其是下颌骨，而这也是面容变老的原因。研究表明，随着年龄的增长，下颌骨角度也增加得很明显，脸的下部轮廓变形。中年人与青年人的下颌长度相差很多，而老年人比中年人下颌骨高度明显减少。

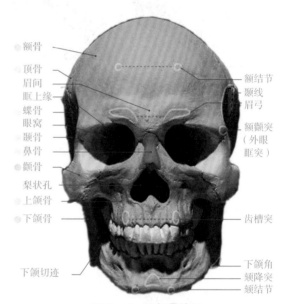

图 2—1　面部骨骼图

随着下颌骨骼的变化，脸的下半部分失去支撑，失去轮廓，变得松弛，这也会造成颈部的老化表现。

二、面部肌肉（见图 2—2、图 2—3）

　　人的喜、怒、哀、乐和语言都是通过面部肌肉的运动所产生的，所以了解面部肌肉的构成，就能明白哪些面部肌肉的运动会产生常见的各种表情。面部肌肉中，有超过二十六块以上的肌肉对人物的面部表情产生影响。

1. 眼轮匝肌

位于眼眶部周围和上、下眼睑皮下。其收缩时能上提颊部和下拉额部的皮

化妆师 Makeup artist 教程（基础知识）

（图 2—1 标注）额骨　顶骨　眉间　眶上缘　蝶骨　眼窝　颞骨　鼻骨　颧骨　梨状孔　上颌骨　下颌骨　下颌切迹　额结节　颞线　眉弓　额颧突（外眼眶突）　齿槽突　下颌角　颏隆突　颏结节

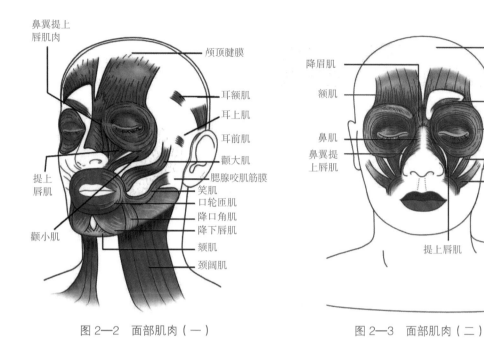

图 2—2　面部肌肉（一）　　　　　　　　　图 2—3　面部肌肉（二）

肤，使眼睑闭合，同时还在眼周围皮肤上产生放射状的鱼尾皱纹。闭眼、思考等表情都会影响到眼轮匝肌。

2．皱眉肌

在额肌和眼轮匝肌之间靠近眉间的位置。其收缩时，能使眉头向内侧偏下的方向拉动，并使鼻部产生纵向的小沟。

3．降眉肌

位于鼻根上部皱眉肌内侧，其中还包括降眉间肌。当其收缩时可以牵动眉头下降，并使鼻根皮肤产生横纹。一般来说，皱眉肌和降眉肌是共同参与表情变化的，在愁闷、思考等表情中可以使这几组肌肉紧张收缩而产生锁眉的表情。

4．口轮匝肌

也称口括约肌，位于口裂上下唇周围。口轮匝肌可以看成是环形的肌肉，在位置上可以分成内、外两个部分，内圈为唇缘，外圈为唇缘外围。口轮匝肌内圈在收缩时，能紧闭口裂呈抿嘴的表情；外圈收缩，并在颏肌的作用下产生噘嘴的表情。

第2节

化妆相关生物学知识

一、生物学人种分类

1. 生物学上的人种分类

人种也称种族，是由具有形态上与生理上的特点和语言习俗等历史文化因素组成的有区域性特点的群体。

人种的概念最初于1684年由法国博物学家伯尼埃首先提出，1775年德国生理和解剖学家弗雷德里奇·布鲁门巴赫教授（1752—1840年）提出"人种"生物概念，其后，由于人种的哲学化及达尔文进化论的深入人心和推波助澜，"人种"及其"人种分类"等概念广为世人接受。

在生物学上，人类各种族都同属于一个物种，即智人。不同的种族相当于在一个物种下的若干变种，他们都起源于同一祖先。不同的人种在肤色、眼色、发色、发型、头型、身高等特征上有所区别，这些特征差异是由于人类在一定地域内长期适应当地自然环境又经长期隔离所形成的。

2. 人种的形成

人种特征主要是由于对气候的适应而产生的。造成肤色差异的主要因素是血管的分布和一定皮肤区域中黑色素的数量。黑色素多的皮肤显黑色，中等的显黄色，很少的显浅色。

黑色素有吸收太阳光中的紫外线的能力。生活在横跨赤道的非洲的黑种人和西太平洋赤道附近的棕种人具有深色的皮肤，可使皮肤不致因过多的紫外线照射而受损害。紫外线可以刺激维生素 D 的产生，深色的皮肤可以防止产生过多的维生素 D 而导致维生素 D 中毒。相反，白种人原先生活在北欧，那里的阳光不像赤道附近那么强烈，阳光中的紫外线不会危害身体，而且能刺激必要的维生素 D 的形成，因而北欧白人皮肤里的色素极少。

鼻形也是如此。生活在热带森林的人的鼻孔一般是宽阔的。这里的气候温暖湿润，所以鼻子具有的温暖湿润空气的功能不是很重要。而生活在高纬度的白人有较长而突起的鼻子，可以帮助暖化和湿润进入肺部的空气。

黄种人的眼褶可能与亚洲中部风沙地带的气候有关；扁平的脸型和较薄的脂肪层能够保护脸部不被冻伤。

这些种族特征大约是在化石智人阶段形成的。由于人类物质文化的进步，大多数种族特征早已失去适应上的意义。今天，一个黑人可以很好地生活在高纬度的北欧，他完全不需要靠阳光中的紫外光产生维生素 D，而可以从食物中获得必要的维生素 D；白种人也可以借助衣服、帽子及房屋等设施很好地生活在赤道附近。

3. 人种的分类

最早的人种分类可追溯到 3000 多年前古埃及第十八王朝法老坟墓的壁画，它以不同的颜色区别人类，将人类分为四种：第一，埃及人涂以赤色；第二，亚洲人涂以黄色；第三，南方尼格罗人涂以黑色；第四，西方人及北方人涂以白色。这成为今日将人类分成白种人、黄种人、黑种人、棕种人的基础。

根据人种的自然体质特征，现代生物学家以本质主义方式（即以体质特征为标准）通常将全世界的现代人类划分为四大人种：亚美人种（又称黄色人种或亚洲人种）、高加索人种（又称白色人种或欧罗巴人种）、非洲人种（又称黑色人种或赤道人种）和大洋洲人种（又称棕色人种或澳大利亚人种），俗称黄种人、白种人、黑种人和棕种人。

4. 人种的特征（见图 2—4）及主要分布

（1）亚美人种（黄种人）。黑色且较为细直的毛发，胡须与汗毛稀少，脸型扁平，颧骨较高，眼有内眦褶，肤色为浅黄色。主要分布在亚洲东南部、东部及南北美洲的大陆。

（2）高加索人种（白种人）。以白、金、红、棕、黑五种大色调为主、呈大波浪状且较为细软的毛发，体毛浓密，胡须和腮毛特别发达，颧骨不明显，鼻高唇薄，通常为长颅型，肤色较浅。高加索人种主要起源自白人化之后的北非土著，后来经过长期的演化和定居，扩散到北非、西亚、中亚、南亚、欧洲，16 世纪以来逐渐扩散至整个大洋洲和南北美洲。

（3）非洲人种（黑种人）。黑色且较为卷曲的毛发，一般分成南非和北非两个类型，前者鼻根低矮，通常为圆颅型，肤色相对较深；后者鼻根高，通常为长颅型，肤色相对较浅。总体肤色为棕黑色。在中世纪时期和中世纪以前，非洲人种主要分布在非洲

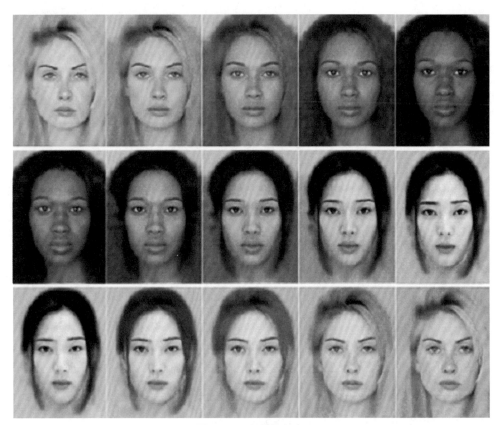

图 2—4　人种的特征

撒哈拉以南地区。后来因为欧洲国家的帝国主义和重商主义，大批量的黑人被迫作为奴隶送至南美洲和北美洲。

（4）大洋洲人种（棕种人）。黑色呈小波浪状且较为粗糙的毛发，体毛浓度中等，鼻高唇薄，有很大的牙齿、明显的眉毛脊，颌骨外突，通常为长颅型，肤色为褐色。主要分布在位于远东大洋洲的岛屿上，以及澳大利亚和新西兰等地。

二、人体毛发及护理知识

毛发是人体组织之一，是皮肤的附属物，由皮肤衍变而来。毛发在人体分布很广，几乎遍及全身，只有掌跖、指趾屈面、指趾末节伸面、唇红区等处无毛发分布。

完整的毛发，其外观是近圆柱形细丝状，仔细观察，可见根端较大，末端纤细。毛发由毛干、毛囊、毛球及其根端毛乳头组成。肉眼看见的部分称为毛干，而隐藏在皮肤深处的部分称为毛根。毛根中包括毛囊及根端膨大状似葱头的毛球，毛球内有毛乳头。

1. 毛发的组成

毛发分为毛干和毛根两部分。

（1）毛干。毛干是露出皮肤之外的部分，即毛发的可见部分，由角化细胞构成。组织可分为表皮、皮质及毛髓三层。毛干由含黑色素的细长细胞构成，胞质内含有黑色素颗粒，黑色素使毛呈现颜色。黑色素含量的多少与毛发的色泽有关。

（2）毛根。毛根是埋在皮肤内的部分，是毛发的根部。毛根长在皮肤内看不见，并且被毛囊包围。毛囊是上皮组织和结缔组织构成的鞘状囊，是由表皮向下生长而形成的囊状构造，外面包覆一层由表皮演化而来的纤维鞘。毛根和毛囊的末端膨大，称为毛球。毛球的细胞分裂活跃，是毛发的生长点。毛球的底部凹陷，结缔组织突入其中，形成毛乳头。毛乳头内含有毛细血管及神经末梢，能滋养毛球，并有感觉功能。如果毛乳头萎缩或受到破坏，毛发会停止生长并逐渐脱落。毛囊的一侧有一束斜行的平滑肌，称为立毛肌。立毛肌一端连于毛囊下部，另一端连于真皮浅层。当立毛肌收缩时，可使毛发竖立。有些小血管会经由真皮分布到毛球里，其作用为供给毛球毛发部分生长的营养。

2. 毛发的结构

毛发的结构（见图2—5）由表皮层、皮质层、髓质层三部分构成。

（1）表皮层。由角质结构的鱼鳞状细胞顺向发尾排列而成，一般毛发的表皮层由6～12层毛鳞片所包围，保护头发抵御外来的伤害。如机构式的破坏，在头发湿润时，表皮鳞片膨胀而易受到伤害。通常头发在碱性状况下，鳞片打开。

（2）皮质层。由蛋白细胞和色素细胞所组成，占头发的80%，是头发的主体。它含有以下连接物：盐串、硫串纤维状的皮质细胞扭绕如麻花状，从而给予其弹性、张力和韧性，头发的物理性和化学性归因于这种纤维结构。头发的天然色素即麦拉宁色素存在于皮质

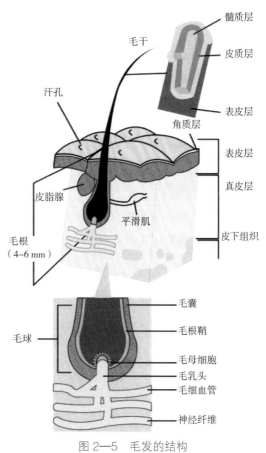

图2—5 毛发的结构

内，是由两种色素构成的，即黑色素和红黄色素。而红黄色束缚电荷是由红至黄排列，它们决定头发的颜色。

（3）髓质层。髓质层在毛发的最内一层被皮质层细胞所包围，成熟的头发里有的结构呈连续或断续状，髓质层碱量低，并且有一种特殊的物理结构，对化学反应的抵抗力特别强。

3. 毛发的分类

通常毛发可分成硬毛与毳毛两类。硬毛粗硬，具有髓质，颜色较深。

硬毛又可以分为长毛和短毛两种。

长毛如头发、胡须、腋毛。

短毛较短且硬，如睫毛、眉毛、鼻毛、耳毛等，通常长度小于 10 mm。

毳毛又称汗毛，细软无髓质，颜色较淡，主要见于面部、四肢和躯干部。

儿童全身除了手掌、脚掌及最后一节的指、趾骨上的皮肤外，几乎都被一层细小毳毛所覆盖。到了青春期，由性激素所引起的第二性征出现时，一部分细小的毳毛会被长毛所替代。

4. 毛发的生长速度

毛发的生长速度是不一致的，主要与下列因素有关：

部位：头发的生长速度最快，每天生长 0.27 ～ 0.4 mm，按此计算，头发 1 个月长 1 cm 左右。另外，腋毛每天生长 0.21 ～ 0.38 mm，颏部毛发每日生长 0.21 ～ 0.38 mm，其他部位约生长 0.2 mm。

性别：女性头发的生长速度比男性快，男性腋毛的生长速度比女性快，男性眉毛的生长速度和女性一样，男性全身毛发平均生长速度比女性快。

年龄：在 25 ～ 40 岁期间，头发的生长最为旺盛；到老年时，头发生长速度减缓，两性差异也随即消失。

季节：夏季生长快于冬季。

昼夜：白天生长比夜间快。

毛发的生长速度与机体健康状况呈平行关系。

毛发的生长速度与毛囊的粗细成正比例：与毛发生长相比，一年内毛发在正常情况下脱落约 360 g，而每天脱落的头发一般不超过 100 根。

毛发的生长和替换也有一定规律，并非连续不断，而是有周期性的。一般可分为三个阶段，即生长期、休止期及脱落期。

此外性激素也会影响头发生长的速度。怀孕期间性激素分泌最旺盛，头发的寿命增加；而生产后，性激素恢复原来的数量，头发又重新恢复正常的生长速度，此时头发会大量掉落。

有的人身上的毛发非常稀少，医学上称为"特发性毛发稀少"；也有人患有先天性无毛症，头上无发、脸上无眉毛、睫毛、鼻毛、胡须，也无体毛，皮肤光洁。此外，如果妇女患肾上腺皮质肿瘤时，雄激素增多，就会出现多毛的男性化现象。

5. 毛发的生长周期

毛发的生长周期分为四个阶段：从初生期到生长期（即活跃期），经退化期过渡到休止期。

初生期——生长细胞在毛乳内发芽，开始分裂。

生长期——平均每天以 0.4 ～ 0.5 mm 的速度成长。

退化期——生长速度缓慢及停止生长。

休止期——毛发细胞死亡，头发自然开始脱落。

不同部位的毛发长短与生长周期长短不同有关。正常人每日可脱 70 ～ 100 根头发，同时也有等量的头发再生。眉毛和睫毛的生长周期仅为 2 个月，长度较短。毛发的生长受遗传、健康、营养和激素水平等多种因素的影响。

6. 毛发的功能

毛发的功能很多，能帮助调节体温，同时也是触觉器官。当人们轻触身体表面时，毛发的根部就会产生轻微的动作，这些动作会立刻被围绕在毛干四周的神经小分支物所截取，然后经由感觉神经传送到大脑去。每根毛发都连着一至数个由排列在分泌管的腺泡所构成的皮脂腺。

7. 毛发的主要化学成分

毛发的主要成分是角质蛋白。它是由多种氨基酸组成，其中胱氨酸的含量最高，可达 15.5%，蛋氨酸和胱氨酸的比例为 1 ：15。自然头发中，胱氨酸含量为15% ～ 16%，烫发后，胱氨酸含量降低为 2% ～ 3%，同时出现以前没有的半胱氨酸。这说明烫发有损发质。东方人发质的特性是粗黑硬重，因含碳、氢粒子较大较多，所以颜色深。西方人发质的特性是轻柔细软，因含碳、氢粒子较少，所以颜色较淡。

8. 头发的物理性质

头发按照发径的不同，可分为一般发、粗发、细发；通常情况下，头发根部较粗，越往发梢处就越细。从形状上，头发可分为直发、波浪卷曲发、天然卷曲发三种。直发的横切面是圆形，波浪卷曲发横切面是椭圆形，天然卷曲发横切面是扁形，头发的粗细与头发属于直发或卷发无关。

头发各种形状的形成，主要是头发的成分组合的内因作用。毛发的卷曲，一般认为与其角化过程有关。凡卷曲的毛发，它在毛囊中往往处于偏心的位置。也就是说，根鞘在其一侧厚，而在另一侧薄。靠近薄根鞘的这一面，毛小皮和毛皮质细胞角化开始得早；而靠近厚根鞘这一面的角化开始得晚，角化过程有碍毛发的生长速度。于是，角化早的这一半稍短于另一半，结果造成毛向角化早的这一侧卷曲。

另外，毛皮质、毛小皮为硬蛋白（含硫），髓质和内根鞘为软蛋白（不含硫），由于角化蛋白性质不同，对角化的过程即角化发生的早晚也就有一定的影响。如果有三个毛囊共同开口于一个毛孔中，或一个毛囊生有两根毛发，这些情况都可能使头发中的角化细胞排列发生变化，形成卷曲状生长。

烫发使头发变得卷曲，则是人为地迫使头发角质蛋白发生扭曲的缘故。

头发还具有以下几个特性：

吸水性：一般正常头发中含水量约占 10%。

多孔性：指头发能吸收水分的多寡而言，染发、烫发均与头发的多孔性有关。头发的热度与头发的性质有密切的关系，一般加热到 100℃，头发开始有极端变化，最后碳化溶解。

弹性：指头发能拉到最长程度仍然能恢复其原状的能力。一根头发约可拉长 40% ~ 60%，此伸缩率取决于皮质层。头发的张力是指头发拉到极限而不致断裂的力量。一根健康的头发可承受 100 ~ 150 g 的质量。

9. 头发与 pH 值的关系

头发本身是没有酸碱度的，此处所说的酸碱度是指头发周围的分泌物的酸碱度。pH 值是指水溶液内有多少酸性和碱性，以数字 0 ~ 14 来表示，7 是中性，7 以上是碱性，7 以下是酸性，头发的 pH 值在 4.5 ~ 5.5 之间是最佳健康状态。

头发遇碱性表皮层会张开、分裂，头发变粗糙，呈多孔性；遇酸则表皮层合拢。pH 值保持在 4.5 ~ 5.5 之间时，头发质感最佳、有光泽，最容易达到烫整染的效果。

头发的 pH 值为 4.5 ～ 5.5，洗发剂的 pH 值为 6.5 ～ 6.5，润发剂的 pH 值为 2.8 ～ 3.5，烫发剂的 pH 值为 8.8 ～ 9.5，染发液的 pH 值为 9.0 ～ 10.0，头发拉直剂的 pH 值为 11.5 ～ 14.0。

10. 头发的保养

洗头发之前，最好将头发先梳一梳，然后将打结的部分解开，梳发的作用是将头皮上的污垢与头发的污垢先梳落。可根据发质选用梳子，最理想的是选用黄杨木梳和猪鬃头刷，既能去除头屑，又能按摩头皮，促进血液循环。

洗发和护发能够给受伤的头发补充营养成分，让头发由内到外恢复生气。所以，头发的健康状况与护发的次数和种类有关。基本上是先洗完头发再护发，想要有乌黑亮丽健康的头发，就要注意护发的方法与次数。夏季洗发可以每周 3 ～ 7 次，冬季可以每周 1 ～ 3 次，洗头时水温不要超过 40℃，与体温 37℃接近。在洗发时挑选质量较好的（碱性低的）、对头皮和头发有益的天然洗发剂洗发，然后用护发素加以维护，以保持头发质地柔软、疏松光亮，提高头发的坚韧性。不要用脱脂性强或碱性洗发剂，因为这类洗发剂的脱脂性和脱水性均很强，易使头发干燥、头皮坏死。

洗头发的时候要注意，须兼顾头皮和发根，因为这关系到头发的健康。透过手指对头皮的按压，能够增加头皮的血液循环，维护头发的健康。发尾必须仔细地清洗，才能使发尾吸收到营养。

洗完头发后应先用毛巾将湿头发擦干，要注意的是，千万别马上拿起吹风机吹整发型，一定要拿毛巾用轻压的方式将水分挤干，才可以用吹风机吹干。吹整之前最好先将头发梳开，这样才能够避免头发打结，或在吹整的过程当中受伤。胡乱地使用吹风机吹整，反而会使头发更乱。吹整时尽量缩短吹风机的使用时间，而且头发与吹风机之间的距离最好为 17 cm，吹风机使用不当是伤害发质的主要原因之一。

如果头发受损严重，护理时应在头发的表面抹上防止分叉或是能够补充水分 / 油分的护发剂，以用来养护头发的健康。每隔一个月最好对头发做一次焗油保养，在焗油保养时将焗油膏均匀抹在头发上，并使头发保持疏松的自然状态。染发、烫发和吹风等对头发都会造成一定的损害；染发液、烫发液对头发的影响较大，烫染次数多了会使头发失去光泽和弹性，甚至变黄变枯；日光中的紫外线会对头发造成损害，使头发干枯变黄；空调的暖湿风和冷风都可成为脱发和白发的原因，空气过于干燥或湿度过大对保护头发都不利。染发、烫发间隔时间应为 3 ～ 6 个月。夏季要避免日光的暴晒，游泳、日光浴时更要注意防护。

烫发、染发最好不要一起进行，由于烫发剂和染发剂都富含较多的化学成分，一起进行对头发损伤更大。如在非染不行的情况下，应将染发剂倒在头发上用手轻轻搓弄，切勿用梳子重复整理头发。

脱发的原因与营养有关，与精神紧张或突然的精神刺激也有很大关系，可查血微量元素，不要经常处于精神紧张状态。在掉头发的地方经常用生姜擦一擦，可促进头发生长。饮食营养要全面，适当多吃些硬壳类食物，或者适当吃些黑芝麻。中医学认为脱发有两种原因：一是血热风燥，血热偏胜，耗伤阴血，血虚生风，更伤阴血，阴血不能上至巅顶濡养毛根，毛根干涸，或发虚脱落；二是脾胃湿热，脾虚运化无力，加之恣食肥甘厚味，伤胃损脾，致使湿热上蒸巅顶，侵蚀发根，发根渐被腐蚀，头发则表现黏腻而脱落。

充足的睡眠可以促进皮肤及毛发正常的新陈代谢，而代谢期主要在晚上，特别是晚上 10 时到凌晨 2 时之间。

三、人体皮肤知识

皮肤是指身体表面包在肌肉外面的组织，是人体最大的器官，总重量占体重的 5% ～ 15%，总面积为 1.5 ～ 2 m^2，厚度因人或因部位而异，为 0.5 ～ 4 mm。皮肤覆盖全身，它使体内各种组织和器官免受物理性、机械性、化学性和病原微生物性的侵袭。

皮肤具有两个方面的屏障作用：一方面防止体内水分、电解质和其他物质的丢失；另一方面阻止外界有害物质的侵入，保持着人体内环境的稳定，并在生理上起着重要的保护功能，同时皮肤也参与人体的代谢过程。

皮肤有几种颜色（白、黄、红、棕、黑色等），主要因人种、年龄及部位不同而异。皮肤主要承担着保护身体、排汗、感觉冷热和压力等功能。人和高等动物的皮肤由表皮、真皮（中胚层）、皮下组织三层组成，并含有附属器官（汗腺、皮脂腺、指甲、趾甲）及血管、淋巴管、神经和肌肉等。

1. 皮肤的结构

（1）表皮。表皮是皮肤最外面的一层，平均厚度为 0.2 mm。

根据细胞的不同发展阶段和形态特点，由外向内可分为 5 层。

1）角质层。由数层角化细胞组成，含有角蛋白。它能抵抗摩擦，防止体液外渗和化学物质内侵。角蛋白吸水力较强，一般含水量不低于 10%，以维持皮肤的柔润，如低于此值，皮肤则干燥，出现鳞屑或皲裂。由于部位不同，其厚度差异甚大，如眼睑、包皮、额部、腹部、肘窝等部位较薄，掌、跖部位最厚。角质层的细胞无细胞核，若有核残存，称为角化不全。

2）透明层。由 2～3 层核已死亡的扁平透明细胞组成，含有角母蛋白。能防止水分、电解质、化学物质的通过，故又称屏障带。此层在掌、跖部位最明显。

3）颗粒层。由 2～4 层扁平梭形细胞组成，含有大量嗜碱性透明角质颗粒。颗粒层里的扁平梭形细胞层数增多时，称为粒层肥厚，并常伴有角化过度。颗粒层消失，常伴有角化不全。

4）棘细胞层。由 4～8 层多角形的棘细胞组成，由下向上渐趋扁平，细胞间借桥粒互相连接，形成所谓细胞间桥。

5）基底层。又称生发层，由一层排列呈栅状的圆柱细胞组成。此层细胞不断分裂（经常有 3%～5% 的细胞进行分裂），逐渐向上推移、角化、变形，形成表皮其他各层，最后角化脱落。基底细胞分裂后至脱落的时间，一般认为是 28 日，称为更替时间，其中自基底细胞分裂后到颗粒层最上层为 14 日，形成角质层到最后脱落为 14 日。基底细胞间夹杂一种来源于神经嵴的黑色素细胞（又称树枝状细胞），占整个基底细胞的 4%～10%，能产生黑色素（色素颗粒），决定着皮肤颜色的深浅。

另外发现，从护肤的角度来讲，表皮并不是最外面的皮肤成分，外面还有一种起保护作用的皮脂膜。

（2）真皮。来源于中胚叶，由纤维、基质、细胞构成。接近于表皮的真皮乳头称为乳头层，又称真皮浅层；其下称为网状层，又称真皮深层，两者无严格界限。

（3）纤维。有胶原纤维、弹力纤维、网状纤维三种。

1）胶原纤维。为真皮的主要成分，约占 95%，集合组成束状。在乳头层纤维束较细，排列紧密，走行方向不一，也不互相交织。

2）弹力纤维。在网状层下部较多，多盘绕在胶原纤维束下及皮肤附属器官周围。除赋予皮肤弹性外，也构成皮肤及其附属器的支架。

3）网状纤维。被认为是未成熟的胶原纤维，环绕于皮肤附属器及血管周围。在网状层，纤维束较粗，排列较疏松，交织成网状，与皮肤表面平行者较多。由于纤维束呈螺旋状，故有一定伸缩性。

（4）基质。是一种无定形的、均匀的胶样物质，充塞于纤维束间及细胞间，为皮肤各种成分提供物质支持，并为物质代谢提供场所。

2. 皮肤的分类

（1）干性皮肤

1）特征。皮肤水分、油分均不正常，干燥、粗糙，缺乏弹性，皮肤的 pH 值不正常，毛孔细小，脸部皮肤较薄，易敏感。面部肌肤暗沉、没有光泽，易破裂、起皮屑、长斑，不易上妆。但外观比较干净，皮丘平坦，皮沟呈直线走向，浅、乱而广。皮肤松弛，容易产生皱纹和老化现象。干性皮肤又可分为缺油性和缺水性两种。

2）保养重点。通过做按摩护理促进血液循环，注意使用滋润、美白、活性的修护霜和营养霜。多喝水，多吃水果、蔬菜，不要过于频繁地沐浴及过度使用洁面乳，注意补充肌肤的水分与营养成分，进行调节水油平衡的护理。

3）护肤品选择。选择非泡沫型、碱性度较低的清洁产品和带保湿作用的化妆水。

（2）中性皮肤

1）特征。水分、油分适中，皮肤酸碱度适中，皮肤光滑细嫩柔软，富于弹性，红润而有光泽，毛孔细小，纹路排列整齐，皮沟纵横走向，是最理想、漂亮的皮肤。中性皮肤多数出现在小孩当中，通常以 10 岁以下发育前的少女为多。年轻人尤其是青春期过后仍保持中性皮肤的很少。这种皮肤一般炎夏易偏油，冬季易偏干。

2）保养重点。注意清洁、爽肤、润肤及按摩护理。注意进行补水、调节水油平衡的护理。

3）护肤品选择。依皮肤年龄、季节选择，夏天选亲水性的护肤品，冬天选滋润性的护肤品，可选择的范围广。

（3）油性皮肤

1）特征。油脂分泌旺盛、T 区部位油光明显、毛孔粗大、常有黑头、皮质厚硬不光滑、皮纹较深；外观暗黄，肤色较深，皮肤偏碱性，弹性较佳，不容易起皱纹、衰老，对外界刺激不敏感。皮肤易吸收紫外线，容易变黑，易脱妆，易产生粉刺、暗疮。

2）保养重点。随时保持皮肤洁净清爽，少吃糖、咖啡、刺激性食物，多吃维生素 B_2 或维生素 B_6 以增加肌肤抵抗力，注意补水及皮肤的深层清洁，控制油分的过度分泌。化妆用具应该经常清洗或更换。

3）护肤品选择。使用油分较少、清爽性、抑制皮脂分泌、收敛作用较强的护肤品。白天用温水洗面，选用适合油性皮肤的洗面奶，保持毛孔的畅通和皮肤清洁。暗疮处不可以化妆，不可使用油性护肤品。

（4）混合性皮肤

1）特征。皮肤呈现出两种或两种以上的外观（同时具有油性和干性皮肤的特征）。多见为面孔 T 区部位易出油，其余部分则干燥，并时有粉刺发生。80% 的女性都是混合性皮肤。混合性皮肤多发生于 20 ～ 39 岁。

2）保养重点。按偏油性、偏干性、偏中性皮肤分别侧重处理，在使用护肤品时，先滋润较干的部位，再在其他部位用剩余量擦拭。注意适时补水、补营养成分、调节皮肤的平衡。

3）护肤品选择。夏天参考油性皮肤的选择，冬天参考干性皮肤的选择。

（5）敏感性皮肤

1）特征。皮肤较敏感，皮脂膜薄，皮肤自身保护能力较弱，皮肤易出现红、肿、刺、痒、痛和脱皮、脱水现象。

2）保养重点。经常对皮肤进行脱敏保养；洗脸时水不可以过热或过冷，宜使用温和的洗面奶洗脸。早晨，可选用防晒霜，以避免日光伤害皮肤；晚上，可用营养型化妆水增加皮肤的水分。在饮食方面，要少吃易引起过敏的食物。皮肤出现过敏后，要立即停止使用任何化妆品，对皮肤进行观察和保养护理。

3）护肤品选择。应先进行适应性试验，在无反应的情况下方可使用。切忌使用劣质化妆品或同时使用多重化妆品，并注意不要频繁更换化妆品。不能用含香料过多及过酸过碱的护肤品，而应选择适用于敏感性皮肤的化妆品。

3. 皮肤的附属器官

（1）汗腺，包含小汗腺、大汗腺、皮脂腺三种。其中皮脂腺位于真皮内，靠近毛囊。皮脂腺可以分泌皮脂，润滑皮肤和毛发，防止皮肤干燥，青春期以后分泌旺盛。

皮脂腺除掌部外几乎遍及全身，所以到冬季，手部皮肤会特别干燥，需要用护手霜进行特别护理。皮脂腺在眼周分布也很少，所以眼部也需要特别滋养，更何况眼部周围的皮肤极薄，很容易产生细纹。皮脂腺分泌的皮脂，会在皮肤上形成一层膜，这层膜呈弱酸性，对皮肤来说是天然的面霜，具有很好的保护作用，因此油性肤质的人比干性肤质的人不容易衰老。

皮脂膜具有抗菌作用，弱酸性膜（pH 值为 5.2 左右）可抑制皮肤上的微生物生长。正常皮肤上常寄生各种细菌等微生物，但不致病，依靠机体的抵抗力及皮肤的完整结构和酸性膜等因素来维持。当这些因素破坏时，细菌等微生物可侵入机体致病。所以，在给皮肤做完清洁工作之后，使用爽肤水的目的就是要恢复皮肤的 pH 值，让它保持在一个弱酸性的状态。

皮脂膜有锁住水分的作用，不使皮肤中水分流失到空气中。而对于皮脂膜不完整的干性皮肤来说，要特别给它补充一些油脂，比如晚霜等。

（2）毛发，分为长毛、短毛、毫毛三种。此方面知识在毛发知识里有详细阐述。

（3）指（趾）甲。指（趾）甲是人和猿猴类指（趾）端背面扁平的甲状结构，属于结缔组织。为爪的变形，又称扁爪，其主要成分是角蛋白。与爪同源，爪跖退缩，爪板形成长方形薄片，是指（趾）端表皮角质化的产物，起保护指（趾）端的作用。人和灵长目猿猴亚目的种类均有指甲。猿猴亚目有些种类没有指甲，有些种类仅部分指（趾）端有指甲。如蜂猴（懒猴）第二趾为爪，其余为指甲；而指猴仅第一指（趾）有指甲，其余指（趾）端均为爪。

（4）血管。表皮无血管。真皮层及以下有血管。动脉进入皮下组织后分支，上行至皮下组织与真皮交界处形成深部血管网，给毛乳头、汗腺、神经和肌肉供给营养。

（5）淋巴管。起于真皮乳头层内的毛细淋巴管盲端，沿血管走行，在浅部和深部血管网处形成淋巴管网，逐渐汇合成较粗的淋巴管，流入所属的淋巴结。淋巴管是辅助循环系统，可阻止微生物和异物的入侵。

4. 皮肤的 pH 值

（1）由于在人体皮肤表面存留着尿素、尿酸、盐分、乳酸、氨基酸、游离脂肪酸等酸性物质，所以皮肤表面常显弱酸性。正常皮肤表面 pH 值为 5.0 ~ 7.0；最低可到 4.0，最高可到 9.6；皮肤的 pH 值平均约为 5.8；健康的东方人皮肤的 pH 值应该在 4.5 ~ 6.5 之间。

（2）皮肤只有在正常的 pH 值范围内，即处于弱酸性，才能使皮肤处于吸收营养的最佳状态，此时皮肤抵御外界侵蚀的能力及弹性、光泽、水分等，都为最佳状态，可见 pH 值与安全、舒适、保养是密不可分的。

常用的护肤品 pH 值为 7.33，沐浴用品 pH 值为 10.57。而收敛性化妆水制品 pH 值为 3.4。洗面奶的国家标准规定 pH 值为 4.5 ~ 8.5。

皮肤的好与坏，主要取决于皮肤是否健康，而是否健康则体现为皮肤的碱中和能力。皮肤的 pH 值常在 4.5 ~ 6.5 之间变化，如果皮肤 pH 值长期在 5.0 ~ 5.6 范围之外，皮肤的碱中和能力就会减弱，肤质就会改变，最终导致皮肤的衰老和损害。所以，选配相对应的护肤品，使皮肤 pH 值保持在 5.0 ~ 5.6，皮肤才会呈现最佳状态，真正达到更美、更健康的效果。任何一种护肤方式，不管是基因美容，还是纳米技术，都不能违背这一原则。可见皮肤的碱中和能力是肌肤健康的关键。而不论肌肤表面酸碱值是多少，只要其碱中和能力强，就能抵抗容易造成过敏的过敏源，使肌肤保持健康。如果碱中和能力较弱，就算测出的 pH 值很低，也会因中和不了碱性刺激而容易过敏，也就容易受外界化学刺激的伤害而出现相应的皮肤损害，如潮红、炎症及各种皮疹。另外，皮肤表面的弱酸环境还能够抑制某些致病微生物的生长。

皮肤对冷霜和雪花膏类乳膏的中和能力较强。相反，皮肤对肥皂、美白粉类制品的缓冲中和能力较差，其中和能较低。因此，人们经常使用肥皂和涂抹碱性化妆品时，皮肤容易发炎或生斑疹。特别是皮肤粗糙的人或是多汗的人，其皮肤的中和能力都较差，更不宜久用碱性化妆品。研究证明，具有弱酸性而缓冲作用较强的化妆品对皮肤是最适合的。

5. 皮肤更新周期

健康的肌肤每 28 天就会完成其更新周期。它会不断地脱去死皮，让内层的新生及青春细胞露出表层，使容颜保持健康动人、容光焕发的美态。不过，皮肤的更新周期会因为年龄增长或经常暴露于对皮肤不利的恶劣环境中而大大减缓，而导致皮肤留下过量久未清理的死皮。如此一来，皮肤开始变得粗糙，肤色变得暗淡无光，其他更复杂的皮肤问题也一一出现。

因此，需要经常让皮肤上的老旧角质正常代谢，代谢老旧角质能令皮肤维持健全的更新周期，以便保持最佳状态，展现更晶莹、透亮、柔滑的肌肤。

6. 皮肤变暗黑的原因

经常吃富含锌、铜、铁的食物。是皮肤变黑的原因之一。这些金属元素可直接或间接地增加与黑色素生成有关的酪氨酸、酪氨酸酶等物质的数量与活性。这些食物主要有动物肝和肾、牡蛎、虾、蟹、豆类、核桃、黑芝麻、葡萄干等。

不少药物也能改变正常肤色。如氯奎对黑色素的亲和力强，加重肤色黑变；服用奎宁者约 10% 的病人面部易出现蓝色色素斑；镇静药对肤色威胁最大，长时间服用者面、颈部易出现蝴蝶斑，手臂等处则呈棕灰、浅蓝色或浅紫色。此外，反复使用含汞软膏，也可在病患处留下棕色色素。抗癌药中引起肤色变化的药物更多。

自然环境对皮肤伤害最大的是紫外线。它刺激皮肤中的黑色素，诱发雀斑等皮肤病变，即使是阴天，紫外线也依然强烈。紫外线可造成皮肤变黑、老化、产生皮肤皱纹。人类皮肤对紫外线的反应，在急性反应方面会造成皮肤发红、晒黑反应及增加肌肤表皮的厚度；在慢性反应方面，则会导致皮肤老化。在夏日里，如果依然想要拥有白净无瑕的肌肤，就应切实做好防晒。尤其是紫外线指数达到 7 或 7 以上时，更容易伤害肌肤，应特别加强防晒。其实，潮湿的空气、透过车窗照进来的阳光甚至室内的灯管、计算机，都是令皮肤变黑变暗的元凶。

某些疾病是皮肤变暗黑的诱因。不少疾病可以改变正常肤色，使其变黑。其中最常见的有内分泌系统疾病、慢性消耗性疾病、营养不良性疾病等。这些病可使皮肤变成褐色或暗褐色，分布于脸、手背、关节等暴露部位或受压摩擦等部位。再如慢性肝病，可引起面部黄褐斑或眼眶周围变黑。此外，黑变病患者的黑色素也大多堆积于面部，特别是前额、脸颊、耳后及颈部非常明显。还有一类疾病是皮肤病，特别是某些食物过敏引发的皮肤病，如生葱、生蒜、辣椒、花椒、韭菜、酒、鱼、虾、海带、鸡肉、鸭肉、猪蹄、猪头肉等食物，也可诱发皮肤变态反应，以致疹块丛生，最后留下色素而使皮肤变黑。

7. 使皮肤加倍衰老的不良习惯

（1）肌肤清洁不彻底。化妆、空气中的粉尘和脸上的油脂等，对肌肤的伤害非常大，尤其是堵塞毛孔的伤害，因此必须清洁有害物质。色素色斑产生的原因之一也是不注意清洁肌肤，因此清洁工作必须做到彻底。

清洁措施：每天早晚各做一次脸部清洁工作，首先要选择适合自己肌肤性质的洁面乳，清洗脸部的时候最好选择温水，因为温水可以软化肌肤，让清洁工作更好地进行。为了让清洁工作做得更彻底，最好用清洁脸部专用的小毛刷，这种小毛刷的毛非常柔软，可以深入清洁脸部的毛孔，而且不伤害肌肤，经过彻底清洁之后的肌肤就会很少产生粉刺、黑头、色斑等。清洁完脸部的肌肤之后，最好使用保湿效果比较强的纯天然护肤水。

（2）美白过度。在所有的美白产品中，面膜最受欢迎，很多人都以为面膜敷越久越好，其实这也是导致肌肤加快衰老的原因。因为面膜在一定的时间后功效就会消失，而且敷面膜的时候肌肤是不能正常透气的，敷得太久有害无益。

除了使用面膜时间过长之外，美白的常见误区就是过度美白。使用太多的美白产品或者是美白疗程，肌肤就非常容易变得脆弱，皮肤变薄，角质层脱离了之后，肌肤就非常容易被晒伤、晒黑，产生色素沉淀、色斑等。

美白措施：正确使用面膜的方法就是控制时间，一般情况下补水类型的面膜都不要超过 20 分钟，一旦时间过长，会导致毛孔堵塞等情况。清洁功效的矿物泥面膜使用 3 ~ 5 分钟，织布式面膜在八成干时就要拿掉；敷面膜过夜，对肌肤也是百害而无一利。使用美白产品也要适度，否则给肌肤带来的伤害远比益处要多得多。

（3）不注重日常防晒。防晒工作对肌肤的保养来说是非常关键的一步，即使没有太阳或者是冬天，大气中的紫外线都是存在的，对肌肤的伤害也是必然的。防晒不得当，肌肤会变得粗糙衰老，大部分的色斑就是因为光老化而产生的。

防晒措施：外出前半小时先涂抹好防晒霜，因为防晒霜在涂后 20 min 才能产生功效。涂抹的时候要均匀，脖子和手也需要涂抹。出门的时候，防晒工具最好选择具有抵御紫外线功能的太阳伞或者帽子。

不管是冬天还是阴天，防晒工作都是必须做的。

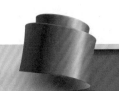

第3节

素描思维

素描是艺术院校的必修课，也是一切造型艺术的基础，化妆属于造型艺术，因此，了解素描在造型中的作用及地位，研究造型的基本规律，打下坚实的素描造型能力，是现代化妆师的基本功。

一、观察与思维方式

1. 观察方式

绘画艺术的素描思维观察方式不同于照相机原封不动的复制，而是对对象有意识的高度选择、高度处理的过程，能够为了自己内心的需求和表达发现对象及关系，而对无关事物视而不见。

绘画艺术的素描思维观察不是简单的照相式的记录，而是积极主动、有选择的取舍过程，这个过程本身就是处理再创造的前提。绘画者内心有什么需求，就会重复想什么。就像一个人为了垫高一个东西需要一块20 cm高的方块，就会心里想着这个方块，眼睛看过所有的物象中可能高为20 cm的方块，不管是砖、石、木、铁都会被看到眼里。

绘画者面对多种元素的物象，只要具备造型意识，眼睛中物象的元素就只剩绘画需要的元素，从中发现绘画的意义，以此来组织画面，即具有了造型意识就会通过自己的眼睛从眼前的物象中发现绘画的素材，并借助物象的启发组织画面，使之成为一幅绘画作品。

2. 思维方式

人类最基本的思维方式与哲学的几个基本点对应。

（1）究根思维（唯物），即把一件事物分成若干部分，找出最关键一部分。

（2）发散思维（联系），即由一件事物出发，找出与之联系的各个事物。

（3）线性思维（发展），即由一件事物经过演变而发展成另一件事物。

（4）辩证思维（对立统一），即对于一件事物的两个对立面找出其平衡点。

其他的各种思维方式都是由这几种基本方式演变和组合而来的。对于思维方式，每个人因性格不同各有偏好，从某种意义上说，人的性格也就是各种思维方式的集合，但每个人的性格都是多重的。

二、整体意识和概括能力

1. 整体意识

整体是指由事物的各内在要素相互联系构成的有机统一体及其发展的全过程。构成整体的要素应当是完整的，如果有哪一类要素欠缺，将会影响整体功能的发挥。部分是指组成有机统一体的各个方面、要素及其发展全过程的某一个阶段。

整体和部分既相互区别又相互联系。区别是两者有严格的界限，地位和功能不同。整体和部分的地位及功能不同表现为：第一种情形是，整体具有部分根本没有的功能；第二种情形是，整体的功能大于各个部分功能之和；第三种情形是，整体的功能小于各个部分功能之和。整体和部分的联系主要表现在两个方面，一是两者不可分割。整体由部分组成，整体只有对于组成它的部分而言，才是一个确定的整体，没有部分就无所谓整体。部分是整体中的部分，只有相对于它所构成的整体而言，才是一个确定的部分，没有整体也无所谓部分。任何部分离开了整体，就失去了原来的意义。二是两者相互影响。整体的性能状态及其变化会影响部分的性能状态及其变化；反之，部分也制约整体，甚至在一定条件下，关键部分的性能会对整体的性能状态起决定作用。

从整体的角度观察物体，了解其中的每一部分在整体中的具体位置和价值，并被安排到使整体物体的局部和整体关系看起来和谐的位置上，这是建构美的物体的原则。

2. 概括能力

从心理学的角度讲，概括就是把不同事物的共同属性（本质的或非本质的）抽象出来后加以综合，从而形成一个日常概念或者科学概念。绘画的概括能力是通过对物象复杂元素的简化，去掉一切与造型无关的元素，抽取出形的本质，把自然的形、色转化成绘画语言，排列组合以便明确表达精神情感。

绘画的概括能力如同一切的文学艺术门类所指的概括能力，是从物象中抽离出有用的信息，提炼，优化，处理，重新组合，通过大小、位置、形状、面积、明暗、纯度、色相、呼应、对比、主次、疏密、虚实等手段处理，创作出符合表达需要的画幅。画面的一切因素，都为了画面的整体协调有序，恰当的突出视觉中心，没有多余无用的笔触。

三、造型能力

造是创造、构造，型是画面、图形。造型能力不是如实描摹物象的能力，而是指画面上创造、构造图形的能力。造型能力是建立在造型意识的基础上的。

造型意识是人脑创造图形及运用图形自觉思维的能力。当人们面对物象进行绘画时，能时刻运用造型意识去观察对象，处理画面的各种关系，使画面具有意味的形式感和强烈的感染力。

意识的建立决定艺术风格的建立，绘画是意识物化的过程，画面上的一切因素都是精神意识的表现。

绘画的训练首先是意识的训练，绘画过程是意识物化的过程。

造型意识是人脑创造图形并运用图形自觉思维的能力。面对自然物象，能够时刻用造型意识去感受对象，用自己的感受准确、本能地处理好画面上形与形的关系，使画面区别于自然，具有有意味的感染力。

首先具备绘画意识，面对自然物象时就会不再机械、被动地抄袭，而是主动地处理画面，筛选、重装，为我所用，更好地表达个人的见解和想法。

化妆正是对原始物象——人的有意识处理，所以可以借助绘画建立和训练造型意识。

法国雕塑家罗丹说："如果没有体积、比例、色彩的学问，没有灵敏的手，最强烈的感情也是瘫痪的。"对物象的情感需要经过一定形式产生。

具备这种独特的观察方式，就会把眼前的对象做出简单处理，摒弃杂乱无用的干扰，把符合人们视觉需要的规律找出来，强化引导，就会更加本质地掌握规律，主动地处理对象的关系，充分表达自己的内心感受。

要把人当物看，把其他因素剥离，把复杂的形体单纯化，把模糊的形体明确化，把不确定的形体归类概括到大的形体中，建立空间形体的意识。把人解构成区别于自然物象的点、线、面，以及黑、白、灰的色块。

建立了这种意识，有了基础，最终还要把自己的第一印象和直觉感受、情感通过一定形式表达出来（见图2—6），这是目的。

图 2—6　艺术思维

四、黑白灰（见图 2—7）

光线照在立体的物体上会产生明暗，前人通过大量观察总结，归纳出物体明暗变化的规律，就是明暗交界线、亮部的亮面、灰面、暗部的反光、投影，即常说的"三光五调子"。但微妙的色差，对初学者来说有一定难度，就是分辨出完全照抄上也没有用，因为要做的是表现立体，可以用黑白灰来归纳概括。这里的黑白灰，作为美术中的关系，它与空间关系、主次关

图 2—7　黑白灰

系共同组成了素描作品的三大关系。在美术创作过程中，黑白灰是用来对画面层次节奏归纳概括的一个方式规律。

一幅成功的素描作品，包括构图完整、造型准确、明暗自然、主体突出、整体关系完整、有艺术感染力和黑白灰关系七大造型元素；黑白灰关系简单地说就是画面的整体调子关系，也是组成黑白画面基本关系的造型元素。

在色彩中，黑白灰的关系就是色彩的明度关系，指的就是画面的素描关系，素描加冷暖就是色彩。

五、立体观念

宇宙间的一切物体都是由其高度、宽度和深度组合而成的，即三维空间。若缺乏关于物体的体积是由面构成的原理等知识，尽管有着正常的视觉，也只能画出宽度和高度的二维空间，不能画出深度，把立体感表现出来。任何物体都要以三度空间来测

量，缺一不可。

　　从学习素描开始，就应培养用立体观念去对待客观世界的所有物象，并通过多种手法，把它们表现出来的意识。通过反复的学习实践，学习者会对这方面的要求更加明确。素描虽然也有表现对象质感、体感及不同色感的任务，比如画头像时，眼睛是透明的，头发蓬松且颜色较深，但它们首先都应具有立体感。学生在开始观察时，总是看不到它的体积而仅看到对象的不同颜色，所以不能把深色的受光部画亮，也不能把浅色的背光部画深。物体各种固有色的观念，影响其研究物体受光后的明暗变化。为了便于学习，可以采取对石膏几何体的写生来理解物体由面所构成的原理，这个原理对于表现其他复杂的形体具有普遍的意义。在此基础上，树立起在空间深度上塑造形体而不是在平面上描绘这一概念，不是轻易能够做到的，需要掌握透视知识和注意培养这种观察认识物象的习惯，才能正确把握物体在画面上的恰当位置，做到看的立体、画的立体。

第4节

色彩基础

一、色调的把握

色调（见图 2—8）是指构成画面的总体色彩倾向，是大的色彩效果，对色彩有重要意义。

在不同颜色的物体上，笼罩着某一种色彩，使不同颜色的物体都带有同一色彩倾向，这样的色彩现象就是色调。当光线带有某种特定的色彩时，整个物体就被笼罩在这种色彩之中。比如在大自然中，人们经常见到不同颜色的物体或被笼罩在一片金色的阳光之中，或被笼罩在一片轻纱薄雾似的月色之中。同

图 2—8　色调

样的物体如果在暖色光线照射下，物体就会统一在暖色调中；如果在冷色光线照射下，物体又会被统一在冷色调中。在戏剧舞台上，不同颜色的灯光对舞台色调的影响就是光线决定色调最明显的例子。

色调是根据明度、纯度、色相和冷暖决定的。

依据纯度分为纯色调、灰色调，依据明度分为深色调、浅色调、中色调，依据色相分为黄色调、蓝色调等，依据冷暖分为暖色调、冷色调。

1. 影响色调的因素

（1）光源色。色彩是光的产物，会因光的变化而变化，受光部和背光部呈现互补色的色彩关系。若为冷光源，受光部会罩上冷色，背光部会呈现互补的暖色。若为暖光源，受光部会罩上暖色，背光部会呈现互补的冷色。

（2）主体物颜色。主体色彩是决定画面色调走向的主要色彩，可能是面积最大或纯度最高或明度最亮，也可能都占，总之是最白、最深、对比最强的色彩，引人注目。画面的色彩都要以主体色彩为中心，依据主体色彩的明度、纯度、冷暖、色相调整自身的色彩，起到对比和协调的作用。

（3）个人习惯用色或者个人的色域，影响画面色调，与个人性格有关，火爆的人色彩的对比大，含蓄的人喜欢灰雅的色调，面对同一组物象，不同的人也会画出反差极大的色调。

色调与色彩关系密不可分，色彩关系有序、合理，画面色调就明确。反之，杂乱无章的色彩关系，就不会有明确的色调，所以对色彩通过归纳、概括、调整、有序协调的整体关系，就产生出节奏旋律，产生美的、富于联想的好画。

2. 对比色调中的色彩关系

（1）和谐之美。和谐的原则是指色彩作品中色彩相互协调，在差异中趋向一致的视觉效果。和谐的原则是构建画面氛围的重点之一。

（2）对比变化。对比是一幅作品形成的基本条件，是一种艺术的表现手法。对比就是分辨出色彩差异，一幅作品的色彩在色相、纯度、明度上的差异，以及色块的大小、曲直、虚实、动静、强弱、清浊、冷暖、聚散、断续、阴阳、简繁、疏密等都是艺术的重要对比关系。恰当地运用对比手法，强化对比效果，可以提高艺术表现力和感染力。

（3）主次原则。画面色彩有主次之分，形成画面基调的色彩是主体色，比如蓝色调中大面积的蓝色，衬托色和点缀色是次要色彩，它们对画面的色调不起决定作用，通过对比，反而能达到丰富画面的作用。

（4）均衡原则。均衡的画面是以画面的偏中心为基准，向上下、左右或对角线调整，稳定的色彩关系使画面有舒适、优雅的视觉效果，使色彩具有美感的表现。

（5）节奏原则。作品中的色彩富有节奏感，才能产生统一中有变化的美感。好的画面不管是色彩的纯度、明度，还是画面的形、笔触等，都富有节奏感，如果画面中都是比较极端的颜色，如大红、大紫，就会令人烦躁不安；画面全是灰色就会显得消沉，没有活力。只有将纯色、中间色、灰色合理搭配，用心设计位置，推敲用色，才能获得富有节奏感的画面效果。

二、色彩的数字区分

　　色彩教育常强调要重视感觉，凭感觉画色彩。对初学者来说，根本无法理解，只有画画时间长的人才能体会到。其实初学者重要的是认识颜色，区分颜色。能分别出红色、蓝色、土黄色等，仅仅是区分了色彩的色相（见图 2—9），还有明度关系、纯度关系，这三个关系是在每一块色块上同时存在、不可分割的。为了便于区分，可以进行排号。

图 2—9　色相变化

图 2—10　明度变化

　　在教学过程中使用数字效果明显：明度关系（见图 2—10），从白到黑假设成 0 ~ 10；纯度关系（见图 2—11），从灰到纯假设成 0 ~ 10。注意这里是假设的，只是拿来解释和规范，但因为凭感觉的色彩数字化了，初学者就会看到自己的"感觉"。

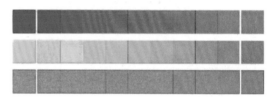

图 2—11　纯度变化

三、色彩关系：明度、纯度和色相（见图 2—12）

　　色彩的纯度是指色彩的纯净程度，表示颜色中所含有色彩成分的比例。含有色彩成分的比例越大，则色彩的纯度越高；含有色彩成分的比例越小，则色彩的纯度也越低。可见光谱的各种单色光是最纯的颜色，为极限纯度。当一种颜色掺入黑、白或其他彩色时，纯度就会产生变化。

　　明度是指色彩的明亮程度，就是素描上的明暗。各种有色物体由于其反射光量的区别而产生颜色的明暗强弱。如黄色明度最高，蓝紫色明度最低，红、绿色为中间明度。色彩的明度变化往往会影响纯度，如红色加入黑色以后，明度降低了，同时纯度也降低了；红色加入白色则明度提高了，纯度却降低了。

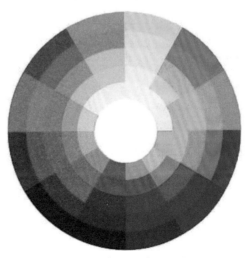

图 2—12　色相、明度、纯度变化

色相是色彩的相貌，是有彩色的最大特征。色相是指能够比较确切地表示某种颜色色别的名称。从光学上讲，各种色相是由射入人眼的光线的光谱成分决定的。对于单色光来说，色相的面貌完全取决于该光线的波长；对于混合色光来说，则取决于各种波长光线的相对量。物体的颜色是由光源的光谱成分和物体表面反射的特性决定的。

　　色彩的色相、纯度和明度俗称色彩的三要素，是不可分割的，在一块色彩中也是同时存在的。观察调和色彩时三者必须同时考虑到，要三者兼顾。最好的办法是运用互相比较的方法，才能正确地分辨出色彩的区别和变化，特别是对于近似的色彩，更要找出它们的区别。

　　常用的国际标准色彩体系有三个。

1. 日本研究所的 PCCS

　　PCCS（Practical Color Coordinate System）（见图2—13）是日本色彩研究所研制的，色调系列是以其为基础的色彩组织系统。其最大的特点是将色彩的三属性关系综合成色相与色调两种观念来构成色调系列。从色调的观念出发，平面展示了每一个色相的明度关系和纯度关系，从每一个色相在色调系列中的位置，明确地分析出色相的明度、纯度的成分含量。

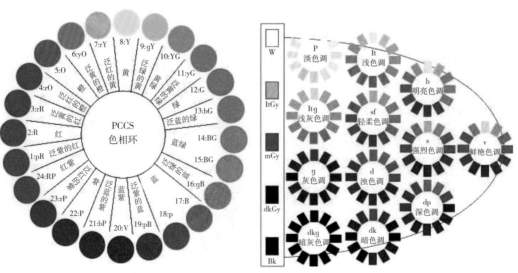

图 2—13　PCCS

2. 美国的蒙塞尔颜色系统

蒙塞尔（Munsell）颜色系统（见图 2—14）于 1898 年由美国艺术家 A.Munsell 发明，是一个常用的颜色测量系统。蒙塞尔的目的在于创建一个"描述色彩的合理方法"，采用的十进位计数法比颜色命名法优越。1905 年，他出版了一本颜色数标法的书，已多次再版，仍然当作比色法的标准。

蒙塞尔颜色系统模型为一球体，在赤道上是一条色带。球体轴的明度为中性灰，北极为白色，南极为黑色。从球体轴向水平方向延伸出来是不同级别明度的变化，从中性灰到完全饱和。用这三个因素来判定颜色，可以全方位定义千百种色彩。蒙塞尔命名这三个因素（或称品质）为色调、明度和色度。

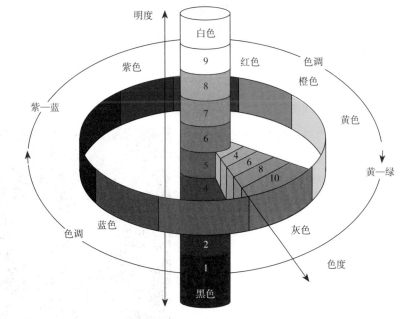

图 2—14　蒙塞尔颜色系统

3. 德国的 OSTWALD 色相环

德国的 OSTWALD 色相环（见图 2—15），是以赫林的生理四原色黄（yellow）、蓝（ultramarine-blue）、红（red）、绿（sea-green）为基础，将四色分别放在圆周的四个等分点上，成为两组补色对。再在两色中间依次增加橙（orange）、蓝绿（turquoise）、紫（purple）、黄绿（leaf-green）四色相，总共八色相，然后每一色相再分为三色相，成为二十四色相的色相环。色相顺序顺时针为黄、橙、红、紫、蓝、蓝绿、绿、黄绿。取色相环上相对的两色在回旋板上回旋成为灰色，所以相对的两色为互补色。把二十四色相的同色相三角形按色环的顺序排列成为一个圆锥体，就是奥斯特瓦德色立体。

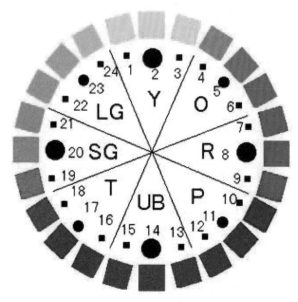

图 2—15　德国的 OSTWALD 色相环

四、色彩的冷暖（见图 2—16）

色彩本身并无冷暖的温度差别，是视觉色彩引起人们对冷暖感觉的心理联想。

暖色：人们见到红、红橙、橙、黄橙、红紫等色后，马上联想到太阳、火焰、热血等物象，产生温暖、热烈、危险等感觉。

冷色：见到蓝、蓝紫、蓝绿等色后，则很容易联想到太空、冰雪、海洋等物象，产生寒冷、理智、平静等感觉。

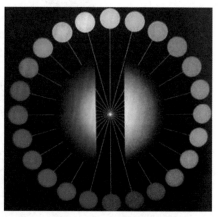

图 2—16　色彩冷暖

色彩的冷暖感觉，不仅表现在固定的色相上，而且在比较中还会显示其相对的倾向性。如同样表现天空的霞光，用玫红画早霞那种清新而偏冷的色彩，感觉很恰当，而描绘晚霞则需要暖感强的大红。但如果与橙色对比，前面两色又都加强了寒感倾向。人们往往用不同的词汇表述色彩的冷暖感觉，暖色代表阳光、不透明、刺激的、稠密的、深的、近的、重的、男性的、强烈的、干的、冲动的、方角的、直线形、扩大、稳定、热烈、活泼、开放等。冷色代表阴影、透明、镇静的、稀薄的、淡的、远的、轻的、女性的、微弱的、湿的、理智的、圆滑的、曲线形、缩小、流动、冷静、文雅、保守等。

五、色彩的旋律和节奏

色彩是"活"的，是能说话、有性格的。

1. 色彩的轻重感

这主要与色彩的明度有关。明度高的色彩使人联想到蓝天、白云、彩霞、许多花卉，还有棉花、羊毛等，产生轻柔、飘浮、上升、敏捷、灵活等感觉。明度低的色彩易使人联想到钢铁、大理石等物品，产生沉重、稳定、降落等感觉。

2. 色彩的软硬感

软硬感主要来自色彩的明度，与纯度也有一定的关系。明度越高，感觉越软；明度越低，感觉越硬，但白色反而软感略高。明度高、纯度低的色彩有软感，中纯度的色彩也呈柔感，因为它们易使人联想起骆驼、狐狸、猫、狗等动物的皮毛，还有毛呢、绒织物等。高纯度和低纯度的色彩都呈硬感，如明度越低，则硬感越明显。色相与色彩的软硬感几乎无关。

3. 色彩的前后感（见图 2—17）

由于各种不同波长的色彩在人眼视网膜上的成像有前后，所以红、橙等光波长的色在后面成像，感觉比较逼近；蓝、紫等光波短的色则在外侧成像，在同样距离内感觉就比较后退。

图 2—17 色彩的前后感

实际上这是视错觉的一种现象，一般暖色、纯色、高明度色、强烈对比色、大面积色、集中色等有前进感觉；相反，冷色、浊色、低明度色、弱对比色、小面积色、分散色等有后退感觉。

六、搭配能力

1. 配色原则

（1）平衡与比例。色彩平衡就是颜色的强弱、轻重、浓淡之间关系的平衡。主次平衡、面积平衡、虚实平衡、动态平衡等通过加黑、白、灰取得平衡。

（2）对称。色彩对称分为左右对称、放射对称等。放射对称是以对称点为中心，所有的色彩对应点都等距。

（3）均衡。非对称状态，是一种视觉等量不等形的状态，表现出相对稳定的视觉心理感受。其特点是活泼、多变、生动、有趣等，又有良好的平衡状态。上下平衡、前后均衡，从一定的空间、立场出发，布局调整。不均衡使整个构图色彩呈现强弱、轻重、大小等明显差异，表现出视觉心理及审美心理的不稳定，奇特、新潮、极富运动感、趣味性十足。不对称美只有基调，没对比色，单调乏味。

（4）节奏。节奏是构成画面形式感的重要因素，风格各异，如激烈的、平稳的、快乐的、忧郁的。重复性节奏指点、线、面单位形态重复，体现秩序美。

2. 配色中的五种角色

（1）主角色是画面的中心，位置在中心或角上，面积不一定最大，必须最醒目。

（2）配角色是主角色的衬托，色面积不能过大，色纯度不能太强，否则会弱化主角色。

（3）支配色是画面背景色，支配整个画面效果，色面积不一定最大，但要维护主体。

（4）融合色是配色中的润滑剂，在画面中起调和作用。

（5）强调色使死气沉沉的画面活力四射，要控制颜色面积，不能喧宾夺主。

七、色彩的补救

在色彩写生中，其实一直在不停地运用着色彩补救的方法，只是可能不是十分明确或有意地运用。如画了一组静物中的深色小罐，一块色彩画偏了色，不准确了，有经验的人不会改掉全部颜色，而是根据画面上已有的色彩，重新规划色彩关系，补上下一笔。为什么不是全改掉呢？因为第一次上的颜色是计划好的，说明画面就需要这块颜色，只是画上去时有了偏差。比如这一笔深灰偏蓝了，需要深灰偏点紫，如果在调色板上调一块颜色，基本上会偏紫了，全部覆盖以前的色块，这块色又会缺蓝了，所以最好的办法不是改掉，而是补救，不全部覆盖，见好就收。

同样在化妆应用时，也是因势利导加以补救。通过另一种方式补救，还会起到意想不到的效果，在不经意间打破了自己已有的固定模式。

八、光源色与环境色

在大自然中，经常见到这样一种现象：早上的朝阳和傍晚的夕阳，红红的霞光旁，总是有冷冷的补色，但又极其协调，不破坏色调。不同颜色的物体或被笼罩在一片金色的阳光之中，或被笼罩在一片轻纱薄雾似的月色之中，或被秋天迷人的黄金色所笼罩，或被统一在冬季银白色的世界之中。这种在不同颜色的物体上，笼罩着某一种色彩，使不同颜色的物体都带有同一色彩倾向，就是光源色效果。

环境色是指因物体所处的环境具备某一颜色，导致物体本身受环境因素的影响，产生了与环境一致的颜色，或者是受其影响所产生的新的色彩变化。这种变化，通常是环境色所产生的色彩溢出。如图 2—18 所示，白色的马受大量红色植物的影响，导致白马上身出现了部分红色的变化。

图 2—18　环境色的影响

第5节

构成规律

一、统一与变化

统一与变化（见图2—19）是一种使用最为普遍的基本形式美法则，自然万物乃至整个宇宙都是被这一法则包含着的丰富多彩的整体。

在化妆作品中，由于各种因素的综合作用使形象变得丰富而有变化，但是这种变化必须要达到高度的统一，使其统一于一个中心或主体部分，

图2—19　统一与变化

这样才能构成一种有机整体，变化中带有对比，统一中含有协调。

美是多种数量比例关系和对立因素和谐统一的结果，即所谓"寓变化于整体"。多样统一的法则是对对称、均衡、整齐、比例、对比、节奏、虚实、从主、参差、变幻等形式美法则的集中概括，是各种艺术门类必须共同遵循的形式美法则，是形式美法则的高级形式。

多样统一是自然科学和社会科学中辩证法对立统一规律在审美活动中的表现，是所有艺术领域中的一个总原理。

二、对称与均衡

对称与均衡（见图2—20）是指整体的各部分对称轴或对称点两侧形成同等的体量对应关系，具有稳定与统一的美感。

自然界中到处可见对称的形式，如鸟类的羽翼、花木的叶子等。所以，对称的形态在视觉上有自然、安定、均匀、协调、整齐、典雅、庄重、完美的朴素美感，符合人们的视觉习惯。平面构图中的对称可分为点对称和轴对称。

图 2—20　对称与均衡

假定在某一图形的中央设一条直线，将图形划分为相等的两部分，如果两部分的形状完全相等，这个图形就是轴对称的图形，这条直线称为对称轴。假定针对某一图形存在一个中心点，以此点为中心通过旋转得到相同的图形，即称为点对称。点对称又有向心的"求心对称"、离心的"发射对称"、旋转式的"旋转对称"、逆向组合的"逆对称"，以及自圆心逐层扩大的"同心圆对称"等。

在平面构图中运用对称法则，要避免由于绝对对称而产生单调、呆板的感觉。有的时候，在整体对称的格局中加入一些不对称的因素，反而能增加构图的生动性和美感，避免了单调和呆板。

在衡器上两端承受的重量由一个支点支撑，当两端获得力学上的平衡状态时，称为平衡。平面构图设计上的平衡并非实际重量乘以力矩的均等关系，而是根据形象的大小、轻重、色彩及其他视觉要素的分布作用于视觉判断的平衡。平面构图上通常以视觉中心（视觉冲击最强的地方的中点）为支点，各构成要素以此支点保持视觉意义上的力度平衡。在实际生活中，平衡是动态的特征，如人体运动、鸟的飞翔、野兽的奔驰、风吹草动、流水激浪等都是平衡的形式，因而平衡的构成具有动态性。

三、节奏与韵律

节奏存在于现实的许多事物当中，比如人的呼吸、心脏跳动、四季与昼夜的交替等。节奏本来是表示时间上有秩序的连续重现，如音乐的节奏。在艺术作品中，它则指一些形态要素有条理、有规律的反复呈现，使人在视觉上感受到动态的连续性，从而在心理上产生节奏感。

韵律是节奏的变化形式。它使节奏的等距间隔变为几何级数的变化间隔，赋予重复的音节或图形以强弱起伏、抑扬顿挫的变化规律，产生优美的律动感。

节奏与韵律（见图2—21）往往互相依存，一般认为节奏带有一定程度的机械美，而韵律又在节奏变化中产生无穷的情趣，如植物枝叶的对生、轮生、互生，各种物象由大到小、由粗到细、由疏到密，不仅体现了节奏变化的伸展，也是韵律关系在物象变化中的升华。

图2—21　节奏与韵律

四、比例关系

任何艺术作品的形式结构中都包含着比例与尺度。有关比例美的法则，目前公认古希腊时所发明的黄金比率1：0.618具有标准的美的感觉。人们将近似这个比例关系的2：3、3：5、5：8都认为是符合黄金比，是能够在心理上产生比例美感的比例。

人体也具有这种美的比例关系，如雕塑"维纳斯"（见图2—22）的上下身比例，古希腊建筑帕特农神庙的建筑平面与正立面的长、宽之比，都是接近黄金比率的。

近年来，我国学者在研究黄金比率与人体美的关系时，发现健美者的容貌外观结构中有18个"黄金点"（一条线段，短段与长段之比为0.618或近似值的分割点）、15个"黄金矩形"（宽与长之比为0.618或近

图2—22　维纳斯

似值的长方形）、6 个 "黄金指数"（两条线段，短段与长段之比为 0.618 或近似值的比例关系）和 3 个 "黄金三角"（腰与底之比为 0.618 或近似值的等腰三角形，其内角分别为 36°、72°、72°）。

《中国医学美学美容杂志》1994 年第 4 期所载李江、艾玉峰的《150 名青年女性眉眼的测量学研究》一文，是我国学者研究国人人体黄金分割美的又一新成果。

据李、艾二人对 150 名青年女性眉眼的测量学研究，发现和证实了 3 个新的眉眼黄金指数。这 3 个新的眉眼黄金指数的发现证明："容貌眼裂长" 与 "内眦间距" 之比 0.976：1 中也蕴含着两个黄金比率的近似值：一是左右两眼的 "容貌眼裂长" 与 "内眦间距" 之比为 1：0.976：1 或其近似值 1：1：1。这仍然属于 "眉眼" 论域中的一个黄金比率。另一个比值则是指这三个 "1" 同处于中国传统美学所认识的 "五眼"概念之内，这三个 "1" 与 "两耳间距" 之比为 3：5，也是黄金比率的近似值。这就超越了 "眉眼" 论域而另属于 "面容" 这一 "论域" 了。从而，李、艾二人不仅揭示了 "眉眼" 论域中的 4 个（不是 3 个）黄金指数，同时还重复证实了 "面容" 论域中的传统概念 "五眼" 的黄金比率特征。

人体美似乎是黄金分割的天然集合（见图 2—23）。人体 14 个黄金点、12 个黄金矩形和 2 个黄金指数，只是对人体的黄金分割美的部分发现和初步探索，而不是关于人体黄金分割美研究的终结，还有许多人体黄金数据仍是未知数。

图 2—23　达·芬奇《维特鲁威人》素描插图

第6节

摄影与雕塑

一、摄影概述

每一种艺术形式都有其特有的表现手段。摄影者的表现手段是光，如果没有光，摄影者就会像雕塑家没有黏土或者画家没有颜料那样一事无成。

虽然摄影在150多年的发展历程中，总是追随着绘画、文学等艺术形式之后而形成自己不同的流派与风格，包括绘画主义摄影、印象派摄影、写实摄影、自然主义摄影、纯粹派摄影、新即物主义摄影、堪的派摄影、达达派摄影、超现实主义摄影、抽象摄影、主观主义摄影等都可以在形式上找到与姊妹艺术相通的地方，但是，它们毕竟还是有所不同的。原因之一是摄影家充分发挥摄影独特的造型手段——光的语言。通过光，形成了它们自身的造型方式，决定了画面的表述意图；通过光，摄影不仅区别于其他姊妹艺术，同时摄影者也产生了各自的艺术风格。

1. 光学知识

（1）了解光的特性。光本身是以多种不同的形式表现的，摄影可以从中选择最合适的形式来达到特殊的目的。光的形式是可以控制的，它们可以被用来在照片上明确地表现特定的被摄体的特性、概念和情绪。在摄影者能够充分利用光的巨大潜力以前，必须对光加以分析，了解光的各种特性，使自己熟悉光的各种作用和用途。

光具有强度、质量和颜色三个主要性质。

光的第一个性质是强度。光的强度可以从亮到暗，这一点适用于任何光源。例如，在无云的天气里，中午的日光非常强；在风沙弥漫的天气里，光线昏暗。人工光源的强度,则随着灯的功率不同而有所变化。美国摄影家A. 法宁格指出，明亮的光线给人一种耀眼、明快和严肃的感觉，暗淡的光线常常表现忧郁、宁静和含蓄的情绪。照明强度的这种差别，会在照片上以三种不同的方式表现出来：被摄体的明暗度，被摄体的反差范围，彩色照片的被摄体的色彩再现。

光的第二个性质是质量，可以是从灼热的光源发出的直射光，如不受云雾遮挡的日光，从聚光灯、摄影灯和闪光灯发出的直射人工光；直射光强烈耀眼、反差大，能造成清晰突出的阴影；或者是从被照射物体表面反射的散射光，如雾天或阴天的日光，从墙壁、天花板或其他反射光的物体表面反射出来的人工光；或者是在灼热的光源前加上柔光器形成的散射光。经过反射形成的散射光比较柔和，反差小，能造成灰色、模糊的阴影，或者根本没有阴影。当然，在这两者之间还有无数的过渡阶段。因此，法宁格指出，直射光要比散射光更难以成功地运用，因为运用不当，结果反而更糟。但是，如果正确运用，它会使摄影家拍出对比强烈、具有黑白图案效果的生动画面，远远胜过用散射光取得的效果。

光的第三个性质是色彩。一心从事色彩再现的彩色摄影者必须明确，照明的颜色（它的色温）要和彩色胶片要求的色温一致。例如，清晨和傍晚的光线就不太适合日光型胶片，用这种胶片拍出的照片要比眼睛看到的景物偏黄或偏红。此外，室外阴影处的日光通常多少有些偏蓝。

（2）用好自然光（见图 2—24）。对摄影来说，自然光或日光虽然采用方便，却是一种较难对付的光线，尤其是在进行彩色摄影时，这种难度更大。这是因为自然光是变化不定、难以预料的。它不仅在亮度上不断变化（这还可以用测光表测量），而且颜色也在不断变化（这是很难觉察的，实际上也无法精确地测量）。

法宁格将白天的自然光分成三种类型，即白色白昼光、蓝色白昼光、红色白昼光，并总结出了在不同类型光线下拍摄的经验。

"白色的"白昼光是一种"标准的白昼光"。这是直射阳光高出地平线 20° 以上时略有白云的蔚蓝天空所反射的光线的混合体。在这种光线下，用日光型彩色胶片拍摄，进行正确曝光和冲洗，色彩表现是很真实的，不需要使用校正滤光镜。

另一种接近于白色的白昼光，是太阳完全被均匀的低空雾气遮盖时的光线。但这种阴天即使有细微的变化，也会影响色彩平衡，使之变蓝，因而最好用 81 号色彩平衡滤光镜、紫外线滤光镜或天光镜予以校正。

图 2—24　自然光（摄影：Magdalena Berny）

　　蓝色白昼光是在天空无云时，阴影总是蓝的，因为此时照明阴影部分的光线是蓝色的天空光，拍出的照片颜色也必然偏蓝。同样，在多云的天气里，特别是当太阳被浓云遮住，天空大部分是蓝光，或是当天空被高空的薄雾均匀地遮住的时候，拍出的照片也会偏蓝。在这种情况下，如要校正色调，可以用密度适当的色彩平衡滤光镜。

　　红色白昼光是日出不久和夕阳西下时，太阳呈现黄色或红色。这是由于大气中很厚的雾气和尘埃层将光线散射，只有较长的红黄光波才能穿透，使清晨和黄昏的光线具有独特的色彩。在这种光线下所拍摄的景物，其色彩比在白色光线下所拍摄的显得更"暖"一些。为了避免这种现象，最好在日出后 2 h 和日落前 2 h 内拍照。用一种密度适当的蓝色平衡滤光镜，也可以避免这种现象。

　　（3）利用现场光（见图 2—25）的经验。现场光是创造性摄影的最佳基础。由于较为暗弱的现场光线比一般光线更为生动，更能增加摄影图像的效果，因此，不少专业摄影师在摄影时都乐于采用现场光。

　　"只用现场光和尽可能不干涉拍摄现场的方法，是来自我对镜头所面临的形态、光线和现实的尊重和热爱。"布勒松在他写的《决定性的瞬间》一书中特别阐述了他的这一信念："在我看来，摄影是在若干分之一秒中，同时认识到一个事件的重要意义，并找到恰当表现这一事件的准确的结构形式。"

图 2—25　现场光（摄影：Jason Bell）

2. 摄影常识

（1）如何正确选择曝光。英国摄影家约翰·威尔莫特认为："一般来说，各种曝光都是一种折中办法，但是对影像的最重要部分进行正确曝光，往往可以大大改进照片的质量。"

光有两种特性：客观性和主观性。所谓客观性光线，是指电磁波光谱中窄频带的一段，能使人们看见并记录下影像。曝光，即对客观性光线的通入量的控制。主观性光线，是能使人们对感情产生反应的光。在为正确曝光而准确测量这种光的同时，用好主观性光线，把它作为摄影的创造性因素，也同样不容忽视。

如今，随着照相器材的逐渐精密而成为一种内在的自动过程。但是，在摄影中作为主观成分的光，与复杂的曝光控制系统毫不相干。它所涉及的主要是人和极为丰富的题材，这对任何严肃的摄影家来说，都是至关重要的。

测光表和自动相机的问世，使得正确抉择曝光的过程变得越来越简单和方便。测光表能量度照射到被摄物上的光线强弱，并将其读数展示为光圈与快门速度。测光表基本上可分为入射式和反射式两类。

入射式测光表测量直接投射到被摄物上的光量，使用十分方便，只要将测光表放在被摄物前面，并将表的半透明半球体对着照相机的镜头，然后便可根据指示曝光。入射式测光表的最大缺点是无法测出主体反射出来的光量，而作用在胶卷上的主要光量正是这一部分。此外，有时摄影者不可能接近主体进行测光，有时要兼顾多个主体，而其中一些又是处于阴影之中的，入射式测光表便难以发挥作用了。

反射式测光表测量由被摄物反射的光。照相机的机内测光表，通常都是反射式的，使用时只要把测光表朝着要测量的方向即可，但它也存在一些问题。大部分反射式测光表测量的角度都很宽，如果被摄主体周围特别亮或暗的话，测光表便会被"愚弄"，提供错误的曝光资料，导致主体曝光不足或过度。

现在虽然有一些反射式测光表可以测量一个较小的范围，有些照相机的内置测光表也有这种"重点"测量的性能，可以避免平均的反射式测光表在过亮或过暗的背景反射下引起的误差，但仍须使用者动一动脑筋。

假设在一个画面内有一个黑色的主体、一个中间灰色的主体和一个白色的主体。如果用反射式测光表测量灰色的主体，它便会提供某一曝光读数，例如 1/125 秒、F8；如果再去测量白色的主体，更多的光量会反射到测光体上，因此测光表会提供过少的曝光，例如 1/125 秒、F16；再去测量黑色的主体，便会建议较多的曝光，例如

1/125 秒、F4。在这种情况下，经验证明，应该选用测自灰色主体的曝光读数。这是因为测光表的调校是以适合中间灰色为准的。不论所测量的反射光的来源如何，只要是根据其曝光读数来拍摄，得出的照片便会呈现为中间灰色。

如果根据灰色主体的读数来曝光，那么，灰色的主体便会在照片中呈现原来的灰色，黑色的主体因为进入更少的光量，在照片中便会显示出黑色，白色的主体则因进入更多的光量，所以看起来还是较亮的白色。如果根据黑色主体的读数来曝光，整个画面的曝光便会比灰色主体所提供的增大两级光圈，因此，黑色主体便会在照片里显现出灰色，至于灰色主体和白色主体，则会因反射较多的光量而变得很白、很亮，从而使整个画面曝光过度。同理，如根据白色主体的读数来曝光，整个曝光便比灰色主体所提供的读数缩小两级光圈，因此，白色的主体在照片中便成为灰色，而灰色和黑色的主体会因进入较少光量而呈现出黑色或深灰色，整个画面也会曝光不足。因而，如果在使用反射式测光表时希望得到正确的曝光，便要花一点时间思考，以确定画面中属于中间色调的主体，用它作为测光基准，然后再去测量画面中最暗和最亮的部位，并将它们与中间色调相比较，从而确知它们的层次能否保存。

美国摄影家 L. 雅各布斯归纳了运用测光表可能造成测光错误的三种情况，并提出了解决的办法："第一种情况是逆光。背景光强，拍摄对象暗，根据测光表曝光会造成曝光不足。此时可以用手动的方法调节光圈，开大光圈或放慢快门速度就行了，或者加用辅助照明。

"第二种情况是背景亮，拍摄对象也亮。例如拍摄在白色墙壁前面或白雪覆盖的庭院里穿白衣服的人。按测光表读数曝光，就会显得不足。原因很简单，因为测光表会把这一切白色都看作反射率 18% 的中灰色。当然，没有人希望把白雪拍成灰蒙蒙的一片，所以应当把光圈调大一级，或将速度放慢一档才行。有些摄影爱好者常常在拍雪景时故意曝光不足，以为这样才能拍好雪景，其实不然。

"第三种情况是安定因素背景暗，拍摄对象也暗。此时处理方法和第一种情况相反。桌子上铺着深色的桌布，上面放着一本黑色封面的书，如按测光表指示曝光，桌布和书都会是灰色的，所以曝光时应将光圈调小一级，或把快门速度提高一档。"

尽管现代的自动照相机功能齐全，操作方便，最先进的通过镜头测光系统甚至能应付像逆光这样的棘手情况，然而曝光仍是一种技巧。它涉及摄影者个人的喜好及风格的问题，而不能用一种精确的技术来代替。

摄影家伍德科克还总结了达到正确曝光的几个诀窍：

1）在测取读数之前，首先看一看自己是否能正确估计曝光。

2）平时注意节省电池。如果发现测光表失灵且忘了带电池，可把快门速度调在胶片感光度 ISO 值的倒数上，例如胶片是 ISO100/21，就把快门速度调在 1/100 秒上，在晴天拍照，反转片用 F16，负片用 F11。

3）烛光会严重影响测光表，应该适当地给镜头遮光。

4）可以试着把远摄镜头作为点式测光表使用。

5）在暗弱的光线下测光表不能显示读数时，可以转动胶片感光度指数盘，把 ISO 值提高，直到测光表显示出读数为止。然后增加曝光值，例如开大光圈。感光度 ISO 值每提高一倍，光圈要开大一级。

6）使用超广角镜头拍照时，须先用标准镜头测光，然后再换上超广角镜头拍摄。

7）昏暗的光线下使用反转片，应当曝光不足半挡至一挡，以便保持色彩饱和。

加拿大著名摄影艺术家兼摄影作家弗里曼·帕特森指出，初学摄影者"学习正确曝光的途径，就是要仔细研究被摄体的色调，以期能在各种情况下一眼就做出正确的判断。必须善于区别比构图中'平均亮度'高或低一、二、三挡是什么效果，对被摄体的正确曝光，既依靠主观因素，也依靠客观因素。要学会识别或估算被摄体的色调或反差，然后根据测光表的数据，再适当调整快门和光圈，把色调加亮或减暗，从而获得预期的曝光效果。摄影者时刻需要选择，而正确的选择有赖于思考和实践"。

（2）阴影（见图 2—26）的利用。正如英国摄影家弗兰克·赫霍尔特所说："生活中的一切，无非是光和影，当你看到一束光线从窗户射进来，你要立即想到其阴影，两者不是独立存在的。"

图 2—26　阴影（摄影：Jason Bell）

既然摄影是"用光作画"，因而光线照射不到的阴影必然也是作画过程中的一个重要方面。虽然在摄影创作中人们往往忽视阴影的作用，甚至有意地避开阴影，但它仍然是许多摄影作品中一个生动的要素。摄影者只要稍加思索，就能创造性地利用阴影，从而成就摄影作品。

学会利用阴影的第一步，是试着增强注意阴影的意识，直到成为一种习惯，并学会区分可能成为作品一部分的有趣的阴影和那种会分散观众注意力并破坏一幅好照片的阴影。摄影时，通常人们的眼睛只注意主体的趣味点，而忽视了阴影的存在。此外，人眼感受光线强度的幅度比任何胶片所能感受的幅度要大得多，因此，当曝光正常时，照片上的阴影一般比实际的阴影显得更黑，而且还会出现摄影者没有注意的阴影。所以，学会事先预测被摄对象上的阴影及其效果是非常重要的。

阴影的性质取决于光线的性质。阴天光线散射时形成漫射光，这种光能产生非常柔和的阴影。它不明显，有时甚至难以觉察，因此，往往使被摄主体缺少阴影所赋予的立体感和空间感。

与此相反，直射光（包括直射阳光、闪光灯或钨丝灯直接射出的光）则产生硬性的、边缘明显的明影，它与被摄主体上的亮部形成强烈的对比。在这种情况下，往往可以获得优美的造型或真实感。有经验的摄影家都知道利用这种阴影的重要性。他们通常用一个光源来获得亮光和阴影，从而在作品中创造出悦目的、栩栩如生的纵深感和真实感。不过，摄影家也告诫初学者，要小心地运用这种技法，否则将导致凹陷的眼窝和难看的鼻子投影。

（3）色温（见图 2—27）概要。在讨论彩色摄影用光问题时，摄影家经常提到"色温"的概念。通常人眼所见到的光线，是由 7 种色光的光谱所组成。但其中有些光线偏蓝，有些则偏红，色温就是专门用来量度光线的颜色成分的。

图 2—27　色温（摄影：Jason Bell）

（这段为左侧竖排）化妆师 Makeup artist 摄影（基础知识）

用以计算光线颜色成分的方法，是 19 世纪末由英国物理学家洛德·开尔文所创立的。他制定出了一整套色温计算法，而其具体标准是基于黑体辐射器所发出来的波长。色温就是表示光源光色的尺度，单位为 K（开尔文）。

开尔文认为，假定某一纯黑物体能够将落在其上的所有热量吸收而没有损失，同时又能够将热量生成的能量全部以"光"的形式释放出来的话，它便会因受到热力的高低而变成不同的颜色。例如，当黑体受到的热力相当于 500 ～ 550℃时，就会变成暗红色；达到 1 050 ～ 1 150℃时，就变成黄色；所以，光源的颜色成分是与该黑体所受的热力温度相对应的。只不过色温是用开尔文色温单位来表示，而不是用摄氏温度单位。打铁过程中，黑色的铁在炉中逐渐变成红色，这便是黑体理论的最好例子。当黑体受到的热力使它能够放出光谱中的全部可见光波时，它就变成白色，通常所用灯泡内的钨丝就相当于这个黑体。色温计算法就是根据以上原理，用 K 来表示受热钨丝所放射出光线的色温。根据这一原理，任何光线的色温相当于上述黑体散发出同样颜色时所受到的"温度"。

颜色实际上是一种心理物理上的作用，所有颜色印象的产生是由于时断时续的光谱在眼睛上的反应，所以色温只是用来表示颜色的视觉印象。

彩色胶片的设计，一般是根据能够真实地记录某一特定色温的光源照明来进行的，分为 5 500 1t 日光型、3 400 1t 强灯光型和 3 200 K 钨丝灯型多种。因而，摄影家必须懂得采用与光源色温相同的彩色胶卷，才会得到准确的颜色再现。如果光源的色温与胶卷的色温互相不平衡，就要靠滤光镜来提升或降低光源的色温，使与胶卷的厘定色温相匹配，才会有准确的色彩再现。

通常，两种类型的滤光镜用于平衡色温。

一种是带红色的 81 系列滤光镜，另一种是带微蓝色的 82 系列滤光镜。前者在光线太蓝时（也就是在色温太高时）使用；而后者是用来对付红光，以提高色温。很多摄影者的经验是，尽量增加色温，而不是降低色温，会产生极其壮观的效果。

然而，目前市场上通用的滤光镜代号十分混乱，不易识别，并不是所有的制造厂商都用标准的代号和设计。因此，在众多的滤光镜中，选出一个合适的滤光镜是不容易的。为了把滤光镜分类的混乱状况系统化，使选择滤光镜的工作简化，加拿大摄影家施瓦茨介绍了国际上流行的标定光源色温的新方法。

准确地进行色温定位，需要使用到"色温计"。一般情况下，上午 10 点至下午 2 点，晴朗无云的天空，在没有太阳直射光的情况下，标准日光在 5 200 ～ 5 500 K；新闻摄影灯的色温在 3 200 K；一般钨丝灯、照相馆拍摄黑白照片使用的钨丝灯及普通灯泡光的色温大约在 2 800 K。由于色温偏低，所以在这种情况下拍摄的照片扩印出来以后会感到色彩偏黄色。而一般日光灯的色温在 7 200 ~ 8 500 K，所以在日光灯下拍摄的照片会偏青色。这都是因为拍摄环境的色温与拍摄机器设定的色温不对造成的。一般在扩印机上可以进行调整。但如果拍摄现场有日光灯也有钨丝灯，则称为混合光源，这种照片很难进行调整。

二、雕塑概述

1. 雕塑的概念

雕塑是造型艺术的一种，又称雕刻，是雕、刻、塑三种创制方法的总称。指用各种可塑材料（如石膏、树脂、黏土等）或可雕、可刻的硬质材料（如木材、石头、金属、玉块、玛瑙等），创造出具有一定空间的可视、可触的艺术形象，借以反映社会生活、表达艺术家的审美感受、审美情感、审美理想的艺术。

雕、刻通过减少可雕性物质材料，塑则通过堆增可塑物质性材料来达到艺术创造的目的。圆雕、浮雕和透雕（镂空雕）是其基本形式。在同一环境里用一组圆雕或浮雕共同表达一个主题内容，称为组雕。雕塑的产生和发展与人类的生产活动紧密相关，同时又受到各个时代宗教、哲学等社会意识形态的直接影响。

在人类还处于旧石器时代时，就出现了原始石雕、骨雕等。雕塑是一种相对永久性的艺术，古代许多事物经过历史长河的冲刷已荡然无存，历代的雕塑遗产在一定意义上成为人类形象的历史。传统的观念认为雕塑是静态的、可视的、可触的三维物体，通过雕塑诉诸视觉的空间形象来反映现实，因而被认为是最典型的造型艺术、静态艺术和空间艺术。

随着科学技术的发展和人们观念的改变，在现代艺术中出现了四维雕塑、五维雕塑、声光雕塑、动态雕塑和软雕塑等。这是由于爱因斯坦的相对论的出现，冲破了由牛顿学说建立的世界观，改变着人们的时空观，使雕塑艺术从更高的层次上认识和表现世界，突破三维的、视觉的、静态的形式，向多维的时空方面探索。

立体为雕塑之本，立体占有空间，文化状态使其具备增容、扩散与吸引之势。雕塑立体饱含创意，灵动造型凝聚目光，形体孤立反而使其坚定地成为视觉焦点，形态犹如文化原点发散艺术魅力并辐射周边，超越形体而涉及更大区域，雕塑空间大于形体本身。置入公共区域的大型作品尤为讲究空间，将雕塑放入环境之中，形成雕塑与人、社会、自然的对应关联，其间彼此调配互动、相融相生。

空间认识能力决定了雕塑家的命运，"只有具备了能把整个雕像块体看成是一个连续的整体的能力，才标志着一个人真正具有了掌握三度空间的能力"。

雕塑空间包含三个层面：实空间、虚空间和意念空间。虚实相间生成雕塑，虚实处理造就形态本体，意念空间赋予形体以灵性与智慧。

（1）实空间。实空间即形体本身，以物质来体现，本体之间存在上下、前后、左右的距离。雕塑是实体造型。

19 世纪之前，雕塑虽说是占有三维空间的立体，那时艺术家关心的不全是空间问题，更多地看重主题内容，以实体形态去颂扬活人、纪念逝者、安抚神明。主题高洁使古典雕塑（见图 2—28）与观众存在空间距离，神圣的气氛、庄严的造型、高耸的底座，观众和雕塑的物理距离近在咫尺，精神距离

图 2—28　古典雕塑

却远隔千里。人们不能碰、不能摸，远远地仰视作品、唯有顶礼膜拜。

现代雕塑家尊重观众，千方百计地吸引观者的注意力。游人触摸作品时，反而会让雕塑家由衷兴奋。

（2）虚空间。虚空间（见图 2—29）指物质形体之外的空透部分，以通透来表示。绘画中的虚空间是省略和留白，附着的物质平面依旧存在。雕塑的虚空间却是名正言顺的空、没有衬底的空、掠过形体的空、大气环绕的空和能够借景生情的空。

虚空间存在两种状况：一是实体包围的内部虚空间，实体规范其形，体现出深远；二是实体外部的虚空间，形体轮廓是其边界，其余的大而无当，显现出宽广。实体影像分别勾勒出前者的外界和后者的内界，随着观者脚步移动，虚空间处于变化状态。

虚空间在中国古代艺术中早已有之，园林建筑中的窗格外形各式各样，扇形、圆形或菱形等规范出画面，在虚空窗格中，没有具体画作，可是风雨云雪、春夏秋冬全在里面，游人欣赏到的是一幅幅活生生的流动之画，按照中国传统文化理解，"空就是无，无就是有"，纳天为画，虚空间妙灵生辉。

图 2—29　虚空间

　　除了形体本身之外，还要注重发挥虚空效应，因为虚空间为人的畅想留下余地。在大型作品中，此种特性较易显露和为人理解，透过形体虚空，将蓝天白云、绿树草丛等周围变幻性内容纳入其间，变幻的场景作为雕塑部分补充和完善作品内涵。人们坐于其下或是步入形体之中，雕塑的虚空海纳百川，其收容度让可能成为现实，成就无数变化。

　　（3）意念空间。意念空间是虚实空间之外的"空间"。艺术家创作作品，作品生发艺术魅力，感染打动观众，艺术家、作品和观者形成大三维关系，彼此意识融会贯通，意念空间就此形成。此种大三维关系超越了三度空间，即在空间上并不同步，实际上纳入了另一维度——时间，在不同步的连贯过程中，产生非直观的想象合成。以三维的物理存在为基石，建构四维的心理神殿。艺术家具备一定思维导向，作品承载理念，通过展示与传达，观者产生对应联想，精神性因素在超时空中重新整合，构成了三位一体的意念空间。

　　雕塑是启发联想的艺术。意念空间具有再生的可能，对于同一作品，人人、时时、处处皆可萌发相应的意念空间。形成意念空间源于作者倾向，归咎于作品内涵，得意于观者共鸣。好雕塑总是留下想象余地，高明创意弃之直白展现，追求别有洞天，添置浏览意趣，增加回旋空间，引导人之构想，营造想象境地（见图 2—30）。

化妆师 Makeup artist 概论　（基础知识）

图 2—30　园林窗棂

2. 雕塑的种类和形式

雕塑按使用材料可分为木雕、石雕、骨雕、漆雕、贝雕、根雕、冰雕、泥塑、面塑、陶瓷雕塑、石膏像等。雕塑的三种基本形式是圆雕、浮雕和透雕。

（1）圆雕。所谓圆雕（见图 2—31、图 2—32）是指非压缩的，可以多方位、多角度欣赏的三维立体雕塑。手法与形式也多种多样，有写实性的与装饰性的，也有具体的与抽象的、户内与户外的、架上的与大型城雕、着色的与非着色的等。雕塑内容与题材也丰富多彩，可以是人物，也可以是动物和静物；材质上更是多彩多姿，有石质、木质、金属、泥土、纺织物、纸张、植物、橡胶等。圆雕作为雕塑的造型手法之一，应用范围极广，也是老百姓最常见的一种雕塑形式。

图 2—31　晋祠宋代蟠龙

图 2—32　晋祠宋代蟠龙

　　（2）浮雕。所谓浮雕（见图 2—33）是雕塑与绘画结合的产物，用压缩的办法来处理对象，靠透视等因素来表现三维空间，并只供一面或两面观看。浮雕一般是附属在另一平面上的，因此在建筑上使用较多，用具器物上也经常可以看到。由于其压缩的特性，所占空间较小，所以适用于多种环境的装饰。近年来，它在城市美化环境中占了越来越重要的地位。浮雕在内容、形式和材质上与圆雕一样丰富多彩。它主要有神龛式、高浮雕、浅浮雕、线刻等几种形式。我国古代的石窟雕塑可归结为神龛式雕塑，根据造型手法的不同，又可分为写实性、装饰性和抽象性。

图 2—33　浮雕透雕银饰

高浮雕是指压缩小，起伏大，接近圆雕甚至半圆雕的一种形式。这种浮雕明暗对比强烈，视觉效果突出。浅浮雕压缩大，起伏小，既保持了一种建筑式的平面性，又具有一定的体量感和起伏感。线刻是绘画与雕塑的结合，靠光影产生，以光代笔，甚至有一些微妙的起伏，给人一种淡雅含蓄的感觉。

（3）透雕。去掉底板的浮雕称为透雕或镂空雕（见图 2—34）。把所谓的浮雕的底板去掉，从而产生一种变化多端的负空间，并使负空间与正空间的轮廓线有一种相互转换的节奏。这种手法过去常用于门窗、栏杆、家具上，有的可供两面观赏。

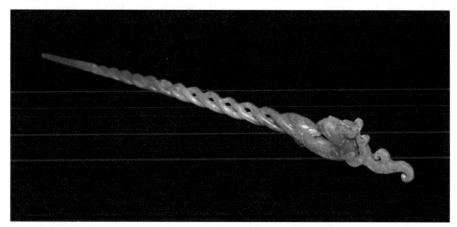

图 2—34　天然和阗玉透雕纽绳螭龙发簪

3. 雕塑的功能分类

大致可分为纪念性雕塑、主题性雕塑、装饰性雕塑、功能性雕塑及陈列性雕塑五种。

（1）纪念性雕塑是以历史上或现实生活中的人和事件为主题，也可以是某种共同的永久纪念，用于纪念重要的人物和重大历史事件。一般这类雕塑多在室外，也有在室内的，如毛主席纪念堂的主席像。室外的这类雕塑一般与碑体相配置，或雕塑本身就具有碑体意识。如 1990 年建成的"红军长征纪念碑"，堪称我国目前规模最大的雕塑艺术综合体。

（2）主题性雕塑，顾名思义，是某个特定地点、环境、建筑的主题说明，它必须与这些环境有机地结合起来，并点明主题，甚至升华主题，使观众明显地认识到这一环境的特性。它可具有纪念、教育、美化、说明等意义。主题性雕塑揭示了城市建筑和建筑环境的主题。在敦煌市有一座标志性雕塑——反弹琵琶，取材于敦煌壁画反弹琵琶伎乐飞天像，展示了古时"丝绸之路"特有的风采和神韵，也显示了该城市拥有世界闻名的莫高窟名胜的特色。

（3）装饰性雕塑是城市雕塑中数量比较多的一个类型，这类雕塑比较轻松、欢快，带给人美的享受，也被称为雕塑小品。这里专门把它作为一类来提出，是因为它在人们的生活中越来越重要。它的主要目的就是美化生活空间，可以小到一个生活用具，大到街头雕塑。它所表现的内容极广，表现形式也多种多样。它创造出一种舒适而美丽的环境，可净化人们的心灵，陶冶人们的情操，培养人们对美好事物的追求。

（4）功能性雕塑是一种实用雕塑，是将艺术与使用功能相结合的一种艺术，这类雕塑从私人空间如台灯座到公共空间如游乐场等，无所不在。它在美化环境的同时，也启迪了人们的思维，让人们在生活的细节中真真切切地感受到美。功能性雕塑的首要目的是实用，比如公园的垃圾箱、大型儿童游乐器具等。

（5）陈列性雕塑又称架上雕塑，由此可见尺寸一般不大。它也有室内、室外之分，但它是以雕塑为主体充分表现作者自己的想法和感受、风格和个性，甚至是某种新理论、新想法的试验品。它的形式手法更是让人眼花缭乱，内容题材更为广泛，材质应用也更为现代化。但不管怎样，它都给有才能的艺术家提供了创造性的空间，并保证了人类最主要的艺术形式之一——雕塑——会有一个美好的未来。

以上所说的五种分类并不是界线分明的。现代雕塑艺术相互渗透，其内涵和外延也在不断扩大，如纪念性雕塑也可能同时是装饰性雕塑和主题性雕塑，装饰性雕塑也可能同时是陈列性雕塑。

4. 雕塑材料和制作方法

雕塑艺术往往因使用材料不同，制作方法也有差异。

（1）泥塑。泥塑的制作方法大致分为两种：一种是近代从西欧传入的雕塑的制作方法，另一种是我国传统泥塑制作方法。

从西欧传入的雕塑的制作方法是：先要有一个雕塑铁架子，架子根据塑像的姿态、形体的比例大小，决定内部骨架的形状；再在骨架四周扎上若干小十字架，它的作用是将泥巴联结成为一个整体，不至于塌落，便于塑造。架子做好后，根据预先做好的泥巴构图进行放大塑造。圆雕是立体的，要有一个整体观念。先把四面八方的泥堆好，由简而繁，逐步深入。第一步要注意每个角度的整体效果。第二步要分析形体结构是否准确，整体与局部的关系是否统一和谐。第三步着重形象的细致刻画，直到完成。泥塑因受气候影响易裂变形，难以永久保存，故泥塑完成后一般要翻成石膏像，进而成为一件作品。现在接触到的雕塑作品，大多是石膏做成的，往往喷上各种颜色，使它产生青铜、木材、石头等的质感。

我国传统的泥塑（见图 2—35）制作方法则不同。在我国的寺庙里，许多神佛的塑像金光熠熠，如果打碎一看，则会发现木材、泥团、棉花、断麻、沙子、稻草、麦秸、苇秸、谷糠、元钉等。它的制作程序大体是这样的：第一步，根据神佛的题材、大小、动态，先搭好木制骨架，在骨架上捆上稻草或麦秸以增大体积，再用谷壳和稻草泥拌好的粗泥在骨架上用力压紧、糊牢；第二步，等粗泥干到七成时再加细泥（细泥用黏土、沙子、棉花等混合而成），把人物的神态充分刻画出来；第三步，等泥塑全干透后产生许多大小裂缝，再加以修补；第四步，等泥巴干透后，把表面打磨光洁，然后用胶水裱上一层棉纸，并加以压磨，使表面一层更平整、细致、坚固，再涂上一层白粉（白粉加胶水）；第五步，在白色的形体上根据人物的需要上各种颜色，待全部颜色上好后，再涂一层油，以保护彩色的鲜艳。到此就全部完成了。

图 2—35　晋祠圣母殿侍女像

（2）木雕。我国木雕艺术具有悠久的历史，在殷、周就已流行。到了战国时代，木雕的制作颇为盛行。由于木质材料易腐朽和焚烧，所以木雕传世不多。木雕用的材料因地制宜，一般有黄杨木、红木、金木、白果木、龙眼木、樟木等。

我国传统的木雕（见图 2—36）制作方法如下：

图 2—36　清代紫檀木雕罗汉床

1）因材料进行设计，充分利用木头的自然形态和特点。

2）一般先要画出构图或做出泥塑的稿子，即便有经验的人也要细心研究和推敲，打好一个成熟的腹稿。

3）先打粗坯，如雕人物要初步雕出人物的动态、比例、形体及空间体积等，把基本形态刻画出来。

4）利用各种不同形状的凿子，用由粗到细、由整体到局部、由简而繁逐步深入的方法，雕出形态生动、性格鲜明的形象。

大型木雕现在则采用新的工艺：先做好泥塑，翻成石膏像，再以石膏像（模特儿）作为依据，采用"点形仪"工具，在木材的前后上下四周找出点子（形体的部位）。用这样的方法雕刻出来的作品，形象不走样，效果很好。

（3）石雕。石雕就是采用各种不同石料雕成的作品，它在历史上占有重要地位。全世界普遍很早就发展了石雕艺术。石雕一般采用大理石、花岗石、惠安石、青田石、寿山石、贵翠石等材料。花岗石、大理石适宜雕刻大型雕像；青田石、寿山石的颜色丰富，更适宜雕刻小型石雕。石雕（见图 2—37）的制作方法多种多样，根据石料性质和雕刻者的习惯各不相同，大致可分为两种：一是传统的方法，构思、构图、造型及打石雕刻都是由个人独自完成。而大型雕刻要在石料上画好水平线和垂直线，打格子取料，用简易测量定位的方法进行雕刻。二是采用新的工艺，即先做好泥塑，翻成石膏像，然后将石膏像（模特儿）作为依据，依靠点形仪再刻成石雕像。

化妆师 Makeup artist 教程（基础知识）

图 2—37 故宫保和殿石雕

（4）玉雕。玉雕总称玉器，有悠久的历史。我国在新石器时期已有玉佩出现，商朝的琢玉技艺就比较成熟了。玉雕的材料有白玉、碧玉、青玉、墨玉、翡翠、水晶、玛瑙、黄玉、独山玉、岫玉等几十种。玉本身性质细致、坚硬而温润，或白如凝脂，或碧绿苍翠，色泽光洁而可爱，适合制作名贵的装饰品。玉雕艺人善于利用材料本身的花纹，因料设计色调和形态，通过精心构思创作出许多精美绝伦的玉雕珍品。

玉雕（见图 2—38）的制作，一般人认为是用雕刀刻成的，其实不然。玉石的质地很坚硬，雕刀刻不进去，而是采取琢磨的方法，即在制作时，用各种形状的钻头、金刚砂和水，根据作品形状把多余部分琢磨掉。

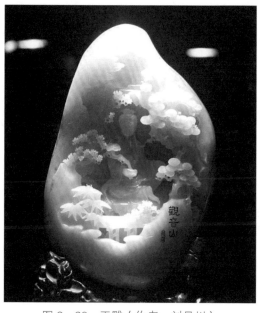

图 2—38 玉雕（作者：刘月川）

（5）砂岩雕塑（见图2—39）。砂岩雕塑可以按照要求任意着色、彩绘、打磨明暗、贴金，并可以通过技术处理使作品表面呈现粗犷、细腻、龟裂、自然缝隙等真石效果。主要使用的砂岩有黄砂岩、白砂岩、红砂岩。

图2—39　砂岩雕塑

第3章

发展简史

欧洲化妆发展简史

人类对美的追求，源于与生俱来的天性，源于人类文明的诞生，源于社会经济的发展。化妆的历史，记载着社会经济、文化的兴衰，是一部社会文明的发展史。西方化妆在漫长的发展历史中，可追溯为以下不同的时期。

一、史前时期

有关化妆的起源史学界众说纷纭，有起源于宗教祈福、伪装保护、美化装饰、身份体现等观点。目前可以确定化妆的起源仅用一种学说难以做出完整的解释，无论是什么说法，都不能完全概况化妆的起源。

最早的化妆，史学家目前较一致地认为发源于史前绘面（见图3—

图3—1　史前绘面
（图片来自：《史前1万年》剧照）

1）。史前时期是最早使用色彩来装扮自己的。这一时期的人们，沿袭了打猎捕食的涂色装扮，开始用赤铁矿粉来涂抹面部，也会用各色颜料涂抹身体，以表示自己的身份、地位，以及对生活的热爱。

二、古埃及时期

四大文明古国之一的埃及，是被史料证明最早使用化妆品的国家，这得益于埃及人对清洁的重视，在任何炎热的国度里这一点都相当重要。古埃及对化妆的偏爱是非常著名的，无论是平时还是在宗教仪式中，都有化妆的风气。

化妆师 Makeup artist 基础教材（基础知识）

埃及文明在公元前 4000 年就出现在尼罗河两岸。埃及的第一任国王——极富传奇色彩的美尼斯——在公元前 3100 年左右掌权，在随后的 3000 年中埃及所奉行的政体是法老控制政府。法老具有绝对的权力，控制着社会的各个领域，包括艺术与化妆造型。不同的造型衬托出不同的仪表和气质，所以化妆术和服装一样，也有严格的宗教和皇室的规范，并代代相传。

　　古埃及人用西奈半岛产的孔雀石制作的青绿色来涂眼影、画眼线，把眼角描画得很长，据说这样做原本是为了保护眼睛，因其增加了美感，所以这种化妆法在男女间都很盛行。眉也画得很重。另外还用散沫花（henna）做成红色涂腮红、口红和染手脚指（趾）甲。

　　那时候男女都化妆，化妆技巧鲜明繁复，他们还进行人体绘画或文身。古埃及人很重视身体的干净，以追求健康、洁净闻名，因而沐浴就成了一种习俗，并且建有一种沐浴系统，后来这种沐浴系统被希腊人和罗马人沿用。在沐浴后，埃及人习惯涂抹香油、香水或油膏来滋润皮肤。香料是埃及人很重视的物品，在宗教仪式中，埃及人喜欢用的香料则是必备品。此外，因为精致的梳子和镜子与化妆有直接的关系，所以是埃及人浴室中不可缺少的用具。假发在当时是一种精致的艺术，精巧的假发及头饰已种类繁多。所以，生活中不但有人裹头巾，而且有人戴精巧的假发。

　　闻名于世的埃及女王克里奥佩特拉（见图 3—2、图 3—3）可以说是西方美容界的鼻祖。她带动了尼罗河两岸的文化与审美的进步，从精巧细致的假发，美容化妆用的第一支碳笔，修饰脸部的含铅量极高的白粉，勾画动人双眸的眼线液、眼线笔，用各色矿石提炼而成的眼影（它们的色彩极其丰富），到用娇艳的鲜花提纯而成的唇彩，无不具备，而且有许多美颜产品还是她自己亲自设计的。其中她最擅长的是金银粉末和香料的运用。当时埃及不断从东方各地收集天然香料，并运回用以制造香油、香水等化妆品。这位女王一人就拥有不下几百种香型的香水、香油，她每天要变换造型数

图 3—2　埃及女王克里奥佩特拉真实面目

图 3—3　电影《埃及艳后》剧照

次，同时也不断地变换身上的香水香型，以表达不同的心情。她的两位丈夫罗马的首席执政官恺撒和安东尼奥都先后拜倒在她的裙下，为她的政治目的贡献出他们的一切。所以，后来有史学家称女王克里奥佩特拉是用香味征服世界的。

三、中古时期

中古时期包括古希腊时代（时间为公元5—16世纪）和阿拉伯时代（时间为公元7—12世纪）。

希腊人富于创新精神。人们都穿戴着整块布幅，只需要在不同的地方制造褶皱、开衩及巧用别针。当时人们心中最完美的服装是要精致地与身体浑然一体。

古希腊女子很少化妆，但到了公元前4世纪，除了下层社会的女子外，几乎所有的希腊女性都开始化妆，上层社会的女子还佩戴珍贵的头饰，例如金螺圈、银带或铜带。商业经济的不断发展使得希腊进入前所未有的繁荣时期。古希腊人从埃及人的沐浴中得到启发，建设精美的浴室，同时发明了修整发型、保养皮肤与指甲的方法。人们从一些古墓挖掘中，清晰了解到古希腊人不仅钟爱香水，还研制面膜。当时的贵妇人把香花研成细末制成香粉，以此来除汗香体；把果实调成糊，制成面膜，保养面部皮肤。古希腊妇女（见图3—4）用白铅当面膏，用化妆墨涂眼睛，用朱砂涂脸颊和嘴唇。朱砂是一种艳红色的颜料，它可以和油膏混合使用，也可以像使用现代化妆品一样涂抹在皮肤上。于是"美容术"这一词语在希腊文化中出现了，由此人们可以领略到古希腊人对美的追求。

图3—4 古希腊妇女（作者：英国新古典主义画家 John William Godward）

罗马共和国的成功主要归因于强大的军事力量。罗马帝国的统治曾使欧洲大片地区专制暴虐。罗马文化深受古希腊文化的影响，但其法律和政治体制则完全是罗马人自己创造的。罗马人除了少数非常富有者之外，极少有私人浴室，出入公共浴室成为大家很青睐的一项社会活动，期间罗马人广泛地使用化妆品、香水及护肤品。对于罗马人而言，头发的作用远远不止编结成各种式样，基于各种宗教迷信，头发与很多仪式活动联系在一起。最初，女子不准戴装饰品，公元前2

世纪以后，丝质围巾、手帕、扇子、遮阳伞等饰品开始流行起来。罗马人的服装集前人穿着于一身，罗马男女服装在织物、颜色方面差别很大。

古罗马人沿袭了很多古希腊人的习俗，大量应用化妆品与香料。在公元前 454 年，罗马人开始修面，白净无须的脸成为风尚。这一风尚也成为今天美发美容的标准。古罗马妇女（见图 3—5）则用牛奶、面

图 3—5　古罗马妇女（作者：英国劳伦斯·阿尔玛 – 塔德玛 Lawrence Alma–Tadema）

包与酒制成面膜。面颊与嘴唇涂用从蔬菜中提取的颜料，眼皮及眉毛用富有色彩的化妆品。罗马人发明了许多漂白及染发配方。罗马人的浴室很漂亮。人们洗完澡，便在全身抹上大量油脂或其他保养品，以此保持皮肤的健美。罗马人从花、杏仁等成分中提取不同的香料，使用多种美容辅助品来护肤、护发、护甲。

日耳曼部落的入侵，其结果之一就是罗马艺术文化生活被彻底摧毁，取而代之的是这些好战部落的风俗习惯。在查理曼大帝统治期间，充满黑暗痛苦的欧洲得到了短暂的舒缓，艺术、文学和服装时尚又一次繁荣昌盛起来。不同国家的化妆习惯也不尽相同，社会地位不同，化妆的色彩也不相同。例如，6 世纪西班牙的妓女用粉红色腮红；3 个世纪后德国的贫穷女子广泛使用粉色粉底；英国女子则多用白色粉底；意大利女子则强调皮肤的自然色泽，她们所用的粉底色泽比皮肤本色偏暗，呈现肉色；6 世纪的德国和英国，橙色口红非常受欢迎。中世纪发型以自然为主，女子发型无外乎两种——松散飘逸或是编成辫子。

不同时代的区别是对于美容潮流的观点和侧重面各有不同。古希腊时代主要侧重于对神的崇拜和对于神话故事中人物的模仿；阿拉伯时代主要表现是清洁皮肤并大量使用牛奶、鲜花、香料。古希腊人认为神是生活在阿尔卑斯山上的，把神都拟人化了。神都变成了古希腊人的模样。比如说智慧女神雅典娜及太阳神阿波罗，他们成了身形健美、各赋个性的美女和美少年的形象。受这种思想的影响，古希腊人比较崇尚健康与自然，身体形体比例及健壮与否是当时人们关注的焦点，运动美容也就自然而然成为当时的时尚。

阿拉伯时代主要范围是指中东的阿拉伯一带，有关这个时代的文字记载是《一千零一夜》。这是一本记载当时阿拉伯生活各个方面的百科全书，上到皇宫贵族，下到街

边的乞丐,可以从中看出当时的阿拉伯是一个弥漫着香气的地方。人们崇尚清洁,把自身的皮肤清洁放到了美容的首位。在中古时代人们在美容方面最主要的流行风格是健美和熏香两个方面,追求的是对于自然的崇拜和身心健康。

四、文艺复兴时期

欧洲的文艺复兴大致为14—16世纪,始于工场手工业的革命,发展至文学、艺术甚至科学,是人类历史上一场轰轰烈烈的大变革,涌现出了大批的艺术家、文学家等,众所周知的是达·芬奇、米开朗基罗、拉斐尔这三位艺术巨匠。他们在这期间创作了大量的传世杰作,整个艺术界为之动容。他们开创的艺术流派至今仍是人们追求的目标。

早期文艺复兴时期的人们认为圆是最纯洁、最完美的图形,并极力推崇比例对称的观念。文艺复兴时期,这种审美在美学上占据了主导地位。在这个时期,人们的自我意识越来越明显,服装流行款式的重要性日益突出。在文艺复兴时期,女子服装裁剪上最引人瞩目的发明是衬箍。西班牙中世纪的未婚女子流行把头发中分,让长长的卷发自然地披散在肩上,当时的发型比较简单,只靠佩戴头饰来点缀头发。此时的美容出现了新的思潮。从当时的油画作品(见图3—6)可以看出,妇女把发际线尽量提高,更有甚者把眉毛剃掉,以显示她们宽阔洁净的额头(它代表着纯洁、健康而又富于智慧)。但她们似乎并不像埃及人那样热爱色彩,她们的化妆几乎是没有什么色彩的。干净的眼部,面颊和唇也只有淡淡的红晕。与朴实智慧的妆容相对的是她们对于服装与发型的重视。

当时人们喜欢梳理较为复杂、造型独特的发式,穿着线条流畅、极具贵族色彩的长裙及长罩衫,佩戴精致的头带及其他饰品。总而言之是力求简洁而又不失精致。这在整个美容史上相当有代表性。许多文学作品曾经对于这个时期的女性有过细腻的描写。

五、奢华时代

奢华时代的发源地是18世纪的法国,这一时期法国发生了天翻地覆的变化,艺术成为这段历史的中心。

把法国变成了美容美发的流行圣地,其中最大的功臣可能要算是玛丽·安托瓦内特,

图3—6　文艺复兴时期女子
(作者:达·芬奇)

奢华时期也是因为她而命名。奢侈时期，顾名思义，是指这个时代人们比较盛行华丽高贵的妆容。当时玛丽皇后对于美容非常有兴趣，而且也相当有研究。在护肤方面，她常用牛奶沐浴、洗脸，用新鲜的水果和花瓣作为沐浴时的添加剂，以起到滋润和活化肌肤的作用。后来这些做法流传到了民间，普通的老百姓也根据自己的能力因地制宜地使用玛丽皇后的配方来护理自己的皮肤。

在整体的造型方面，玛丽皇后（见图 3—7、图 3—8）也有自己的爱好。发型方面，她喜欢佩戴假发。假发一般用优质的马棕毛制成，根据需要染成各种颜色。假发的式样大多是梳理成型的，高度为美容史上的一大奇观，一般为 20 ~ 30 cm；在假发的顶部和两侧梳理着各式的盘卷花式（据有关资料记载，当时盘发的花式有上百种），连名称也是各具特色的，例如爱心卷、猪肠卷、玫瑰卷等。在化妆方面，奢侈时期也有特别之处。其一是女士必用香粉。过去香粉通常是用矿产类的原料，它的含铅量较高，许多人使用后脸上出现了大量的色斑，甚至有秃发的现象，所以那时女性大多对这种香粉敬而远之。为此，玛丽皇后特别命人选用以淀粉为原料的新型香粉。这种香粉一面市就受到了民众的热烈欢迎，一时之间法国又开始崇尚洁白迷人的肌肤。其二就是眉毛的变化。玛丽皇后时期女士对眉毛大多精心修饰，高挑眉极其盛行。高挑眉给予了女性更多的空间来显示她们的心灵。女性的眼睑上多涂抹高亮度的膏体，但眼影基本上没有什么色彩；腮红和唇色就丰富得多了，从冷色调的粉蓝色系到暖色调的橘红色系，无不具备。在 18 世纪金碧辉煌的宫殿中，贵妇的妆容与色彩丰富的衣裙交相辉映。贵妇为了掩饰脸部的一些缺陷，还用漂亮的花缎剪成心形或花瓣等形状，贴在不美观的痣或是脸型不佳之处。这一饰品与我国古代盛行一时的对镜贴花黄颇有相似之处。

图 3—7　玛丽皇后画像　　　　图 3—8　《绝代艳后》玛丽皇后剧照

71

六、维多利亚女皇时期

奢华时期的法国在整个欧洲引领时尚，也同时引导了一代美容的新流行之后，便退居二线。接下来一个为人们所推崇的朴素时代随之而来。这就是维多利亚女皇时期，这个时期的主要代表人物就是本时代的命名人——大不列颠国的维多利亚一世女王。

朴素时代之所以紧随奢华时代而来，是来源于时尚流行的真谛：人们厌倦了对于容貌的过多修饰，大逆其道，因而对于自然朴素的真实容貌推崇备至。人们对于发型及化妆的审美观大为改变，抛弃了那些马尾做的假发，认为自然的发色更能代表自我。由于自然发质的流行，盘发及发饰也变得较为简单大方，过多的饰品被取消，取而代之的是一些有画龙点睛之用的发辫。

这一时期脸部的妆容也有较多的改革，眉形较为朴素自然，弧度较小，甚至出现了流行平眉的趋势；眼部、唇部的色彩通常以自然为主，人们甚至宁愿用手揉捏颊部及唇部，也不愿意使用人工合成的胭脂、唇膏等化妆品。

维多利亚时期上至皇宫贵族（见图3—9、图3—10），下至平民百姓，对于自己的身体健康相当关注。人们都注意自我保养，常用牛奶、鸡蛋、燕麦等营养品来做敷面膏，使皮肤保持良好的营养状态。也可以说，维多利亚时期是一个自然健康的时期。

当时的文学出现了百家争鸣的现象，众多的女性作家出版了一些细腻描写女性的作品，使人们现在有机会在许多细节方面了解那时的女性。比如说《简·爱》《傲慢与偏见》等，这些小说中的女主人公大多穿着朴素，很少化妆，但其丰富的内心活动及气质给读者留下了深刻的印象。

图3—9　维多利亚女王和她的后代们

图 3—10　电影《年轻的维多利亚》剧照

七、S 型时期

19 世纪末 20 世纪初，欧洲资本主义从自由竞争时代向垄断资本主义发展。在世纪转换期，艺术领域出现了否定传统造型样式的潮流，即"新艺术运动"（Art Nouveau）。新艺术运动具有一个自己的特殊形象，没有躲避使用新材料、机器制造外观和抽象的纯设计服务，广泛使用有机形式、曲线，特别是花卉或植物等。

20 世纪的一切都是围绕着科学的发展而发展的。新的科学带来了新的技术、工艺，以及新的人员结构、新的思想和生活方式。20 世纪各个年代的美容美发主流风格在受到文化的影响之外，很大程度上受到经济发展甚至是战争的巨大影响。

20 世纪初，女性大多还沉醉于 19 世纪末的皇族气派。以欧洲的女性为例，她们的发型基本上仍以传统、保守为主，化妆较为自然，唇色突出，一味地强调腰部曲线，仅仅是为了让人们看起来符合女性的线条。

到了 20 世纪二三十年代，口红、胭脂、眼部化妆品，以及人们生活中的皮肤、头发保养护理品等作为产业革命的产物，充斥市场，推出了最新的妇女形象（见图 3—11）。如格丽泰价格便宜，妇女易于接受，从而推动了化妆品市场的发展。她们那烫成弯曲波浪的金发，扑满蜜粉显得细腻光滑的皮肤，新月般弯弯上挑的眉毛，轻启微合的樱唇放射着无限魅力……这一切都成了人们模仿的对象。

图 3—11　S 型时期的女性

八、现代化妆

20世纪40年代，世界突变的风云对于人们的生活产生了极大的影响，第二次世界大战席卷了整个世界。男人大多应征入伍，军人刚毅的形象成为世界主流，刮脸、平头或极短的三七分头，整齐而极富男性魅力。由于战争要求后方女性也要从事体力劳动，比如军需厂的制造工业，女性的时髦裙装已不能适应工作的需要。女性必须像男性一样穿着裤装。裤装被社会认可后，女性立即蜂拥而上。街上大多数女性都穿上了裤装。此时也有专业美容化妆师、时装设计师，精心设计女性形象。为了配合较为男性化的时装趋势，女性的头发变成了短发并且烫成波浪或是中长发。生活与战争迫使长发不复存在。女性的化妆不再强调阴柔的女性曲线美（见图3—12、图3—13），例如自然柔和、稍稍弯曲的眉毛成为主流，唇部的轮廓、面颊及眼部的色彩都趋于柔和自然。人们发明了睫毛膏，并使之成为易于携带的化妆品，染睫毛成为当时的时尚。虽然战争中供需品很紧张，但人们对于美的追求却日益高涨，使化妆品的发展得以不断地进步。

图3—12　20世纪40年代的　　　图3—13　1947年迪奥"New Look"
　　　　　美国女性

20世纪50—60年代，成熟优雅的女性又成为崇尚对象。影坛有一名女郎热辣出炉了，她就是玛丽莲·梦露（见图3—14）。她以一头淡金色的卷发、如梦如幻的一双碧眼、性感丰厚的双唇成为那一时期每个人所热捧的偶像，男人们迷恋她，女人们模仿她。玛丽莲身上集中了女人的温柔、性感及爱，那也正是经济飞速发展时期人们在精神上需求的表现。

图3—14　玛丽莲·梦露

这一风尚的兴起使得女人们纷纷进入美发店，而她们的目的只有一个，就是希望把头发做成像玛丽莲·梦露一样。这一时期的彩色漂染技术也因此大步前进。工作的繁忙要求人们的发型不但要色彩鲜艳，而且必须易于梳理，毕竟她们不是明星，不会每天都有时间去店里做头发。这也向漂染用品提出了新的要求，促使化学科技不断发展。

图 3—15　Twiggy

20 世纪 60 年代，时尚真正的典范属于来自英国的大眼女孩 Twiggy（见图 3—15），她的 swinging（摇摆）风格引领了英国 60 年代摩登文化的风潮。覆盖在眼皮上的眼线，如外星人般大的眼睛，无表情面孔，中性短发和纤细的骨架身材，60 年代为她贴上各种标签。1966 年《每日快报》推选她为年度面孔，并这样评价："这个伦敦女孩明明只有一张面孔，却留下了上千个美态，最重要的是，她才只有 16 岁。"但年轻的 Twiggy 不止一次表示过她并不喜欢自己的脸，她说"我觉得人们一定是疯了"。

20 世纪 70 年代是一个充满反叛与个性的鲜明时代，社会经济的进步给人们的生活带来了福音，第二次世界大战后出生的一批新生儿在这段空隙之中幸福成长。到了 70 年代他们已是二十几岁的青年了，他们享受第二次世界大战后经济大发展的益处，从小到大生活无忧，但这也使他们认为找不到自我。他们的父母大都受过第二次世界大战的苦难，思想较为成熟简朴，所以喜欢追求享受的年轻一代觉得与父母无话可谈。他们把目光放到了家以外的地方，放到一些可以自我表现的公开场所。他们穿着随心所欲，破烂装、乞丐装、紧身的皮衣上面钉满了铁链子的各种"时装"大量出现。"朋克"更是那个时代的特产，一些人把头发剃成别致的图案，再用定型胶使头发竖立起来（见图 3—16）。男孩子还在耳朵上打洞戴上耳环，更有甚者在鼻子、嘴唇上打洞戴环。那些花季雨季的少女的脸庞、眼帘、嘴唇上充斥了大量令人压抑的色彩（见图 3—17）。

图 3—16　朋克造型

20 世纪 80 年代又是一个科技高速发展的年代。科学技术的不断

图 3—17 重金属摇滚

进步对于美容的发展也大有益处。各式各样的家电进入人们的生活，成为人们必不可少的朋友。在被钢筋水泥包裹的环境中，人们反而开始怀念自然淳朴的生活。这种心理也反映到了美容上来。一时间美容界纷纷推出新型的美容品及美容法，其中心就是以自然为上。

在化妆方面，由明星的形象设计师们设计的自然妆也可说是贴切潮流。看上去恰似天然的眉毛，事实上是进行过精心修饰的，只是人们的化妆水准更上了一个层次；肤色的调整成了化妆成败的关键因素。20 世纪 80 年代西方人追求的是自然透亮、有着小麦般色泽的皮肤（见图 3—18），为了让自己也拥有这样的肤色，许多女性不分季节地坚持晒日光浴。

图 3—18 20 世纪 80 年代的欧美女性

第 2 节

中国化妆发展简史

　　《诗经》中有这么一段话："自伯之东，首如飞蓬。岂无膏沐？谁适为容！"意思是说，自从丈夫去了东方，妻子就蓬头散发，无心打扮，并非没有装扮用品，而是丈夫不在，打扮给谁看呢？

　　"女为悦己者容"是中国女子化妆最本能的目的。爱美之心，从古至今都不曾衰减，利用化妆品并使用人工技巧来增加外表美，自产生以来就成为满足女性追求自身美的一种手段。装扮自己，为的是让别人赏心悦目的同时增加自己的自信。化妆增强了人们的自信心，使自己更加有魅力，也展现出自己的审美判断与审美追求。古今中外，化妆一直是人类必不可缺的生活需求。

　　中国有着五千年的悠久历史文化，翻开史籍古卷，其中不乏古人对美丽的追求，如"窈窕淑女""粉白黛绿"等形容貌美的记载，"浓妆艳抹""淡妆素裹"等对古代化妆的描述，以及石头、贝壳、骨头、陶瓷、象牙项链等考古学家挖掘出土的不同样式材料的装饰物品。古籍中对"妆粉"的记载最早可以追溯到夏商时期。在此按照历史发展脉络划分不同时期的化妆发展，大致概括出中国化妆简史。

一、上古时代——素妆时代（黄帝—公元前 221 年）

　　上古时代略去没有文字和史学记载的"史前时代"，直接从仓颉造字的黄帝时代谈起，直到夏商周三代止。

　　上古时代，人们在面部和身上涂上各种动物血、花草浆汁，表示神的化身，以此祛魔逐邪，并显示自己的地位和存在。后来这种妆容渐渐具有装饰的意味。综合古籍记载，中国妇女化妆的习俗在夏商周时代就已兴起，"禹选粉""讨烧铅锡做粉""周文王敷粉以饰面"等都真实地记录了护肤美容与帝王的切身联系，表现出人类追求美的迫切愿望。因为铅粉是古代妇女化妆的基本材料，而晋雀的《古今注》中说"三代以铅为粉"，秦汉时期的《神农本草经》中也提到铅丹和粉锡，都说明在商周前后已能制造铅粉和红黄色的铅丹。商周时期，化妆只局限于宫廷妇女，主要为了供君主欣赏享受而用，直到东周春秋战国之际，化妆才在平民妇女中逐渐流行。殷商时，因配合化妆观看容颜的需要而发明了铜镜，更加促使化妆习俗的盛行。

古代无论男女均蓄发不剪，先祖结束了茹毛饮血的生活以后，即开始束发。进入奴隶社会，上流社会就把头发整理后梳成发髻。男人的发髻梳在头顶，然后用铜或木质的簪子簪住。上流社会的贵族奴隶主，白天在发髻上带上各种冠，然后用簪子穿过冠上的孔和发髻。贵族大人则将头发梳成各种发髻，有高有低，有偏有正，还要戴上用象牙、铜片、珊瑚、贝壳和兽骨、兽牙制成的饰品。

商代妇女的发式大多采取梳辫向后垂的形式，有的还将两鬓梳作卷曲向上如蝎子尾式的鬓发垂肩，这种发式沿用到战国末年，这些从出土的玉雕人形佩件中便可清楚看到。有关西周女性发髻的发展情形，可从古书上得知一二。例如"周文王制定平头髻，昭帝又制定小须双裙髻""文王于髻上加珠翠翘花，傅之铅粉，其髻高名曰凤髻"。到了春秋战国时代，女性发型仍以发髻与辫发为基本发式，再加以变化。例如，长沙楚墓出土的战国时代妇女帛画，画中妇女的发髻挽结于脑后，此与河南辉县出土的战国时期木俑（见图 3—19）的发髻梳理方式相同。

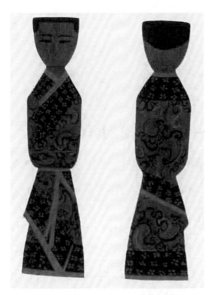

图 3—19 楚国妇女木俑

这种发髻是自战国初年到西汉末年很普遍的一种式样。《战国策》记载"郑国之女，粉白黛黑"，说明早在先秦时代，妇女便已经用粉来妆饰自己的脸部了。以白粉涂在面部，使之洁白柔嫩，表现青春美感，当时有"白妆"之称。战国时期出土的楚俑，其脸部有敷粉、画眉及红妆的使用，显现出商、周时代就有妇女开始使用红妆了。从文献的记载可知，早在战国时便已出现画眉之风，其方法是将原有的眉毛除去，再用颜料在原来眉毛的位置画出想要的眉形。至于眉式，宽窄曲直虽略有不同，但一般是长眉。当时也有点唇的风俗，非常崇尚女性的嘴唇美。

二、秦汉时代——红妆时代（公元前 221 年—公元 220 年）

两汉时期，随着社会经济的高度发展和审美意识的提高，化妆的习俗得到新的发展，无论是贵族还是平民阶层的妇女都会注重自身的容颜装饰。汉桓帝时，大将军梁冀的妻子孙寿便以擅长打扮闻名。她的仪容妆饰新奇妩媚（见图 3—20），使得当时妇女争相模仿。那时的妆型已出现了不同样式，而化妆品也丰富了很多。

图 3—20　汉代女子容貌复原图

秦始皇时，宫中的女人都是红妆翠眉的打扮。到了汉代，妇女也相当喜好敷粉，并且在双颊上涂抹朱粉。秦汉时期，涌现出了许多迷恋于修眉艺术的帝王与文人。眉妆的样式也是多种多样的，有八字眉、蛾眉、远山眉、长眉、阔眉。两汉画眉的风气，上承先秦诸国习俗，下开魏晋隋唐之风，创下了中国妇女画眉史上的第一个高潮。汉代盛行的眉式主要是长眉，马王堆一号汉墓出土的帛画及木俑，女性都是长眉。汉武帝时宫人画八字眉，眉头部分稍微抬高，眉尾下压，其实也是长眉的一种形式。

秦汉时期女性的妆粉种类有了新的发展，除了米粉之外还有铅粉，以及沐浴之后使用的爽身粉。早在周代，人们就已经知道以粉敷面了，当时用的粉多半是用米粉制成的。秦汉时的妆粉除了米粉之外，还发明了铅粉。秦汉之际，道家炼丹盛行，秦始皇就四处求募"仙丹"，以期长生不老。炼丹术的发展，再加上汉时冶炼技术的提高，使铅粉的发明具备了技术上的条件，并把它作为化妆品流行开来。铅粉通常以铅、锡等为材料，经化学处理后转化为粉，主要成分为碱式碳酸铅。除了以粉敷面之外，汉代还有爽身粉，通常制成粉末，加以香料，浴后洒抹于身，有清凉滑爽之效，多用于夏季。汉伶玄《赵飞燕外传》中便写道："后浴五蕴七香汤，踞通香沉水……婕妤豆蔻汤，傅（敷）露华百英粉。"从秦代开始，女子们便不再以周代的素妆为美了，而流行起了"红妆"，即不仅敷粉，而且还要施朱。敷粉并不以白粉为满足，又染之成了红粉。红粉的色彩疏淡，使用时通常作为打底、抹面。由于粉类化妆品难以黏附脸颊，不宜久存，所以当人流汗或流泪时，红粉会随之脱落。胭脂则属油脂类，黏性强，擦之则浸入皮层，不易退失。因此，化妆时一般在浅红的红粉打底的基础上，再在颧骨处抹上少许胭脂。

胭脂的历史非常悠久，对其起始时间，古书记载不一。从已发掘的考古资料看，湖南长沙马王堆一号汉墓出土的梳妆奁中已有胭脂等化妆品。可见，至迟在秦汉之际，妇女已以胭脂妆颊了。古代制作胭脂的主要原料为红蓝花。红蓝花也称"黄蓝""红花"，是从匈奴传入汉朝的。汉代以来，汉、匈之间有多次战争，再加上官吏与民众间的交往，都为汉、匈两民族文化习俗的沟通与传袭开辟了一条广阔的途径。胭脂的制作、使用与推广，也正是在这种大交流、大杂居的历史背景下，渐渐由匈奴传入汉朝宫廷和汉朝与匈奴接壤的广大区域的。汉武帝时，由张骞出使西域时带回国内，因花来自焉支山，故汉人称其所制成的红妆用品为"焉支"。"焉支"为胡语音译，后人也有写作"烟支""鲜支""燕支""燕脂""胭脂"的。在汉代，红蓝花作为一种重要的经济作物和美容化妆材料，已经广泛地进入了匈奴人的社会生活之中，故霍去病先后攻克焉支、祁连二山后，匈奴人痛惜而歌："亡我祁连山，使我六畜不蕃息；失我焉支山，使我妇女无颜色。"

秦代妇女的发型，根据《中华古今注》记载，"秦始皇下诏令皇后梳凌云髻，三妃梳望仙九鬟髻，九嫔梳参鸾髻"。其他古书中还记载有神仙髻、迎春髻、垂云髻等。汉代妇女的发型以梳髻为最普遍。髻的式样很多，综合各古书的记载，当时有迎春髻、垂髻、堕马髻、盘桓髻、百合髻、分髾髻、同心髻、三角髻、反绾髻等，名称相当多，其中受西域影响不少。

到了东汉，妇女的发髻出现向上发展的趋势，例如，当时就有"城中好高髻，四方高一尺。城中好广眉，四方且半额"的歌谣。这种崇尚高髻的风气，一直延续到南北朝及唐朝。梳高髻必须有又多又长的浓密头发，若头发不够多，便必须使用假发。在汉代的各种发髻式样中，最突出的要算是梁冀妻子孙寿所梳的"堕马髻"了。这是一种侧在一边、稍带倾斜的发髻，好像人刚从马上摔下来的姿态，所以取名为堕马髻（见图3—21）。此发型一直流传下来，甚至到清代还有这种发髻，只是流传至不同的时代，式样会稍有不同。

图3—21　汉代女子堕马髻发式
（西安任家坡出土陶俑）

三、魏晋南北朝——艺术精神时代（公元220年—公元581年）

魏晋南北朝时期基本处于动乱分裂状态。这个时期由于北方少数民族的势力逐渐扩张到中原，中原人又往南迁徙，形成各民族经济文化的交流融会，加上世风习俗也经历了一个由质朴洒脱到萎靡绮丽的变化，使我国妇女的化妆技巧在此时期渐趋成熟，呈现多样化的倾向。整体而言，妇女的面部妆容在色彩运用方面比以前大胆，妆容的形态变化也很大，而且女性以瘦弱为美，普遍爱好体态赢弱、娇不胜持的病态美。汉末魏晋六朝是中国历史上最混乱、社会最痛苦的时代，然而却是精神上极自由、极解放、最富于智慧、最热情的一个时代，因此也是最富于艺术精神的一个时代。

　　根据古代史志、杂记的记载，魏时的发髻式样相当多，尤以"灵蛇髻"最为特别。因为这种发髻的变化很多，而且随时随地可改变发式。西晋时的发式，除了汉代"堕马髻"的遗式外，还有梳髻后作同心带垂于两肩，再以珠翠装饰的"流苏髻"；梳髻后以缯（丝织物）在髻根处紧紧扎住再做环的"颉子髻"。到了东晋，妇女头发的装饰似乎更朝向盛大方面发展。当时，妇女喜欢用假发来作装饰，而且这种假髻大多很高，有时无法竖立起来，便会向下靠在两鬓及眉旁，也就是古籍中所说的"缓鬓倾髻"，当时妇女便是以这种宽厚的鬓发和高大发髻的妆饰来代表盛妆。但这种假髻因为用发多而且重量很重，无法久戴，必须先放在木上或笼上支撑着。

　　南北朝时妇女的发髻式样也大多向高大方面发展。此外，由于南北朝时信仰佛教的人很多，当时还流行把头发梳成各种螺型的发髻，称为"螺髻"。

　　魏晋南北朝的面妆相对于秦汉时期，可谓异常多彩。其特点表现在彩妆的异常繁盛上（见图3—22）。除了前面所提到的红妆之外，还有白妆、墨妆、紫妆及额黄妆等。额黄是一种古老的面饰，也称"鹅黄""鸦黄""贴黄""宫黄"等。因为是以黄色颜料染画于额间，故得名。起源于汉代，至六朝时流行起来。它的流行与佛教的盛行有直接的关系。女性可能是从涂金的佛像上受到启发，也将自己的额头染成黄色，久而久之便形成了染额黄的习惯，谓之"佛妆"。传世的《北齐校书图》中的妇女，眉骨上部都涂有淡黄的粉质，由下而上，至发际处渐渐消失，应当是这种面妆的遗形。这时期还有一种特殊妆式，称为"紫妆"。《中华古今注》记载魏文帝所宠爱的宫女中有一名叫段巧笑的宫女，时常"锦衣系履，作紫粉拂面"，当时这种妆法尚属少见，但可以看

图3—22　八十七神仙卷

出古代以紫色为华贵象征的审美意识。

魏晋时期，汉代的蛾眉与长眉仍然最为流行。除了蛾眉，汉时的八字眉此时也依然流行。另外还出现了眉形短阔，如春蚕出茧的出茧眉。魏晋时期由于连年战乱，礼教相对松弛，且因佛教传播渐广，因此受外来文化的影响，在眉妆上打破了古来绿蛾黑黛的陈规而产生了别开生面的"黄眉墨妆"新式样。

四、隋唐五代——浓妆时代（公元 581 年—公元 960 年）

隋唐五代是中国古史上最重要的一个时期。国家富强，社会开放，吸纳了多方少数民族，经济的发展也推动了唐代女性对审美的意识，使当时的化妆形式多样化。隋代女性的妆扮比较朴素，不像魏晋南北朝有较多变化的式样，更不如唐朝的妆扮多姿多彩。唐朝国势强盛，经济繁荣，社会风气开放，女性盛行追求时髦。无论是官妓还是私妓，这些女性都浓妆艳抹，着意修饰。

隋代的发式比较简单，相比之下，唐朝妇女的发型和发式则显得非常的丰富，既有承袭前朝的，也有刻意创新的。在初唐时，妇女的发式变化还比较少，但是在外形上已经不如隋代那般平整，有向上耸的趋势了，以后发髻越来越高，发型也推陈出新。

唐初贵族妇女喜欢将头发向上梳成高耸的发髻，比较典型的发式是"半翻髻"，将头发梳成刀形，直直地竖在头顶上。在当时流行的式样中，还有一种比较主要的发髻，髻式也是向上高举，称为"回鹘髻"。这种发型在皇室及贵族间曾广为流行，到了开元、天宝时期以后就变得比较少见了。到开元、天宝时期，发式特征是"密鬓拥面"，蓬松的大髻加步摇钗及满头插小梳子。一些贵族妇女流行戴假发义髻，使头发更显得蓬松。晚唐、五代时，妇女的发髻又增高了，并且在发髻上插花装饰，宋初流行的花冠便是延续唐末、五代用花朵装饰头发的妆饰而来。唐人尤其重视牡丹花，将牡丹花插在头发上，显得妩媚与富丽。总而言之，唐代妇女的发髻式样很多，有各种不同的名称，基本上是崇尚高髻，而且注重华美的饰物，可以说琳琅满目，美不胜收。

唐代是一个崇尚富丽的朝代，浓艳的"红妆"是此时最为流行的面妆。唐代妇女的红妆，实物资料非常多。有许多红妆甚至将整个面颊，包括上眼睑乃至半个耳朵都敷以胭脂。红妆不仅会把拭汗的手帕染红，就连洗脸水也犹如泛起一层红泥。当然，红妆并不是千篇一律的，因脂粉的涂抹方法不同，其所饰效果也略有不同。

红妆中最为浓艳者当属酒晕妆，也称"晕红妆""醉妆"。这种妆是先施白粉，然后在两颊抹以浓重的胭脂，如酒晕然。通常为青年妇女所作，流行于唐和五代。

比酒晕妆的红色稍浅一些的面妆称为"桃花妆"。其妆色浅而艳如桃花，故得名。此种妆流行于隋唐时期，同样多为青年妇女所饰。

隋代宫廷妇女还流行一种面妆，名为"节晕妆"。也是以脂粉涂抹而成，色彩淡雅而适中，和桃花妆相类似，均属于红妆一类。

飞霞妆是先施浅朱，然后以白粉盖之，有白里透红之感。因色彩浅淡，接近自然，故多为少妇使用。另外，还有将铅粉和胭脂调和在一起，使之变成檀红，即粉红色，称为"檀粉"，然后直接涂抹于面颊。因为在敷面之前已经调和成一种颜色，所以色彩比较统一，整个面部的敷色程度也比较均匀，能给人以庄重、文静的感觉。从形象资料来看，这种妆饰多用于中年以上的妇女。唐代是一个开放的王朝，对于外来文化采取一种广收博取的姿态，尤其与胡人接触甚广，在服装方面，男女皆尚胡服。在化妆领域，也出现了很多颇具异域风情的胡风妆饰。在胡妆当中，最有代表性的当属流行于唐代天宝年间的"时世妆"了。唐代的白居易曾为此专门赋诗一首："时世妆，时世妆，出处城中传四方。时世流行无远近，腮不施朱面无粉。乌膏注唇唇似泥，双眉画作八字低。妍媸黑白失本态，妆成尽似含悲啼。圆鬟无鬓椎髻样，斜红不晕赭面状。……元和妆梳君记取，椎髻面赭非华风。"从这首诗中可以看出，此时的妆饰已然成配套之势，是由发型、唇色、眉式、面色等构成的整套妆饰。这里的赭面是指以"褐粉涂面"，是典型的胡妆。

唐代面妆的样式最为丰富，无论是面靥、斜红还是额黄、花钿，都已发展成熟。额黄妆始于汉代，流行于六朝，至隋唐五代尤为盛行。古代妇女额部涂黄，有两种做法：一种由染画所致，另一种为粘贴而成。所谓染画，就是用画笔蘸黄色的染料涂染在额上。染画可以平涂法，即整个额部全用黄色涂满。唐代妇女还对额黄妆有所发展，出现了"蕊黄"。即以黄粉绘额，所绘形状犹如花蕊一般，异常艳丽。描斜红之俗始于南北朝时，至唐尤为盛行。唐代妇女脸上的斜红，一般都描绘在太阳穴部位，工整者形如弦月，繁杂者状似伤痕，为了造成残破之感，有时还特在其下部用胭脂晕染成血迹模样。不过，斜红这种面妆终究属于一种缺陷美，因此自晚唐以后，便逐渐销声匿迹了。花钿之俗于先秦时便已有之，至隋唐五代尤为兴盛。最简单的花钿只是一个小小的圆点，颇似印度妇女的吉祥痣。复杂的则以金箔片、黑光纸、鱼鳃骨、螺钿壳及云母片等材料剪制成各种花朵之状，其中尤以梅花为多见。除梅花形之外，花钿还有各种繁复多变的图案。有的形似牛角，有的状如扇面，有的又和桃子相仿，复杂者则以珠翠制成禽鸟、花卉或楼台等形象，更多的是描绘成各种抽象图案，疏密相间、大小得体。这种花钿贴在额上，宛如一朵朵鲜艳的奇葩。女子喜爱戴花钿，除了增添美丽之外，还有一个很重要的原因，便是借以掩瑕。隋唐五代，点面靥之风极为盛行。在盛唐以前，多以胭脂或颜料画两颗黄豆般的圆点，点于嘴角两边的酒窝处，通称笑靥。盛唐以后，面靥的范围有所扩大，式样也更加丰富，有状如杏桃的"杏靥"，还有制成花卉形状的"花靥"。这些面靥，在陕西西安、新疆吐鲁番等地出土唐俑的脸上都有明显反映，只不过花卉图案不一定只施于嘴角，而是范围逐渐扩大到鼻翼两侧。晚唐五代之时，妇女的妆饰风气有增无减，从大量图像上来看，这个时期的面靥妆饰愈益繁褥，除传统的圆点花卉形外，还增加了鸟兽等形象。有的女子甚至将各种花靥贴得满脸都是，尤以宫廷妇女为常见，在敦煌莫高窟壁画中常常可见这种面妆。

两汉时期那种纤细修长的眉形，直至隋代仍深受一般妇女喜爱。唐代是一个开放浪漫、博采众长的盛世朝代。仅在眉妆这一细节上，便一扫长眉一统天下的局面，各种造型各异的眉形纷纷涌现。且各个时期都有其独特的时世妆，开辟了中国历史上乃至世界历史上眉式造型最为丰富的辉煌时代。从唐人画册及考古资料来看，唐朝流行的眉式先后有十五六种或更多。画眉材料也有所变化，以烟墨为主，并尽可能画得浓且黑。

这种风气的盛行，与帝王的推崇不无关系。据史籍记载，唐玄宗染有"眉癖"，他对妇女画眉的嗜好比起隋炀帝来毫不逊色。史称"唐明皇令画工画《十眉图》，一曰鸳鸯眉（又名八字眉），二曰小山眉（又名远山眉），三曰五岳眉，四曰三峰眉，五曰垂珠眉，六曰月棱眉（又名却月眉），七曰分梢眉，八曰涵烟眉，九曰拂云眉（又名横烟眉），十曰倒晕眉"。一朝天子亲自推广和提倡，画眉之风在妇女中盛行不衰，就不足为奇了。其实唐代妇女的画眉样式远不止这十种，这在出土及传世的绢画、陶俑、壁画及石刻上反映得非常明显。

总的来说，唐代妇女的画眉样式，比起从前显得宽阔一些。尽管有时也流行长眉，但形如"蚕蛾触须"般的长眉比较少见，一般多画成柳叶状，时称"柳眉"或称"柳叶眉"。比柳眉略宽而更为弯曲的，在当时叫"月眉"，也就是在《十眉图》中的"却月眉"。因其形状弯曲，如一轮新月，故此得名。从形象资料上看，这种月眉的形状，除上述特点外，两端还画得比较尖锐，黛色也用得比较浓重。敦煌莫高窟唐代壁画（见图 3—23）中有不少供养人的形象，就画这种眉式。阔眉是唐代妇女在画眉时采用得较多的一种形式。阔眉在初唐时期已经在宫廷内外流行。这个时期的阔眉，一般都画得很长，给人以浓重醒目的感觉。

在具体描法上，有两头尖窄的，也有一头尖锐、一头分梢的；有眉心分开的，也有眉头紧靠、中间仅留一道窄缝的；此外，还有眉梢上翘或眉梢下垂的，真可谓变幻无穷。大约从盛唐末年开始，妇女的阔眉又流行起短式，到中晚唐时，愈加明显。周昉所绘《簪花仕女图》中的贵妇，即采用这种妆式。唐诗中有"桂叶双眉久不描"之语，所谓"桂叶"就是对这种短阔之眉的形容。

图 3—23　唐代壁画

五、宋朝——理学时代（公元 960 年—公元 1279 年）

宋朝因为理学兴盛，主张去人欲存天理，统治阶级为维护封建秩序，对妇女的束缚日趋严厉。统治阶级认为普通妇女和娼妓是所谓的卑贱者，因此不许她们的服饰与尊贵者一样，这使得当时社会的衣制妆饰受到消极的影响和禁锢。美学思想发展到宋朝也有了和以前不一样的变化，在绘画诗文方面力求有韵，用简单平淡的形式表现绮丽丰富的内容，造成一种回味无穷的韵味。这种美学意识反映到女性的仪容妆饰上，就表现为明显摒弃了浓艳而崇尚淡雅的风格。和唐朝妇女豪放浓艳的妆扮比较起来，宋朝妇女的妆扮倾向淡雅幽柔，可以说前后两个朝代对美的诠释截然不同。

大致而言，宋代风气比较拘谨保守，服饰妆扮趋向朴实自然，式样和色彩都不如唐朝那样富有变化。虽然宋代也流行过梳大髻、插大梳的妆扮，就整体而言，还是不像唐朝那般华丽盛大；面部的妆扮虽也有不少变化，但也不像唐朝那么浓艳鲜丽。总而言之，宋代妇女的整体造型给人一种清雅、自然的感觉。

此时期妇女的发式多承前代遗风，不过也有其独特的风格，大致可分为高髻、低髻。高髻多为贵妇所梳，一般平民妇女则梳低髻。"朝天髻"是当时典型的发髻之一，其实也是一种沿袭前代的高髻，需用假发掺杂在真发内。"同心髻"也是宋代比较典型的发式之一，与"朝天髻"有类似之处，但较简单，梳时将头发向上梳至头顶部位，挽成一个圆形的发髻。北宋后期，妇女除了仿契丹衣装外，又流行作束发垂胸的女真族发式，这种打扮称为"女真妆"。开始时流行于宫中，而后遍及全国。此外，还有与同心髻类似，但在发髻根系扎丝带，丝带垂下如流苏的"流苏髻"；曾经流行于汉、唐时代，到宋朝仍受妇女欢迎的"堕马髻"；"包髻"是在发髻梳成之后，用有色的绢、缯之类的布帛将发髻包裹起来；"垂肩髻"顾名思义就是指发髻垂肩，属于低髻的一种。

至于发髻上的装饰，大体沿袭自唐代，但也有许多特色，最有特色的要属插梳。插梳于发髻上的装饰习惯由来已久，流传至唐朝，所插梳子的数量大为增加，至宋朝，妇女喜好插梳的程度与唐朝妇女相比有过之而无不及，只不过插梳的数量减少了，而梳子的体积却日渐增大。宋仁宗时，宫中所流行的白角梳一般都在一尺以上，发髻也有高到三尺的。仁宗对这种奢靡风气非常反感，下诏规定不论宫中宫外，插梳长度一律不得超过四寸。

宋代妇女的妆扮属于清新、雅致、自然的类型，不过擦白抹红还是脸部妆扮的基本要素，只是此时的红妆较为素雅清淡（见图3—24）。宋代的眉毛式样虽然不如唐朝丰富，但也有一些变化。《清异录》一书中记载，当时有个名叫莹姐的妓女很会画眉毛，每天都画出不同的眉式，总共发明了将近一百种，创作能力实在惊人。宋代有种独特的眉式称为倒晕眉，从古画像中也可以看到帝后及宫女的所描绘的这种眉式。倒晕眉是将眉毛画成又浓又宽又大，略为弯曲，如宽阔的月形，且在双眉末端以晕染的手法，由深至浅的向外散开，直至黑色消失。宋代流行在额头和两颊间贴上花子妆扮的花钿妆，此时流行一种珍珠花钿妆。用黑光纸剪成团靥作装饰，再在上面贴饰珍珠。

图3—24 《招凉仕女图》（宋代钱选）

六、辽、金、元朝——民族时代（公元907年—公元1368年）

契丹、女真、蒙古都是游牧民族，在入主中原之前，长期居于边塞，服饰装扮都非常简朴，直到逐渐汉化后，才变得比较讲究及华丽。整体来看，元代女性的装扮在顺帝前后有较明显的差异。之前，一般多崇尚华丽；之后，风气转为清淡、朴素，有的甚至不化妆、不擦粉，这种现象也反映了当时社会经济、政治等方面都衰弱不振的趋势。

辽代妇女的发髻式样非常简单，一般多梳为高髻、双髻或螺髻，也有少数为披发式样。辽代妇女颇善于运用巾子来作发饰，单是以巾子装饰头发的方式就有相当多的变化。有以巾带扎裹于额间作为装饰的，也就是所谓的"勒子"；有在额间结一块帕巾的；也有用巾子将头发包裹住。

根据《大金国志》的记载，金代的男女一般都留辫发，只不过男子是辫发垂肩，女子则是辫发盘髻，稍有不同。女真族妇女不戴冠子，倒是常戴羊皮帽。一般妇女除了裹头巾，还有以薄薄的青纱盖在头上而露出脸部的，这属于"盖头"的一种，也是早期女真族妇女的一种头饰。金人不论男女，都喜欢用彩色丝带来系饰发髻。

元代妇女（见图 3—25）的发髻式样比辽、金时期变化更多，一般妇女仍有梳高髻的风俗，"云绾盘龙一把丝"，其中的"盘龙"就是一种高髻，也称为"盘龙髻"。"椎髻"不但是平民妇女常梳的样式，贵族也梳这种发髻；"包髻""银锭式"的发髻式样到元代时仍可看到。

此外，双丫髻、双垂髻、灰垂髻、双垂辫多为年轻少女或侍女所梳的发式。妇女扎巾的习俗，由汉末流行至元代，历久不衰。元代时扎额子的多为一般妇女，贵族妇女很少这样打扮。一般妇女扎额子的方式通常是用一块帕巾，折成条状，围绕额头一圈，再系结于额前。

曾经流行于盛唐、裹在额上的饰物"透额罗"，到了元代，称为"渔额罗"，不但可以固定发型，而且具有御寒的功能。在南方妇女所戴的头饰中，以"凤冠"最为贵重；而在蒙古族妇女的头饰中，最贵重、最具特色的冠饰则是"罟罟冠"。"罟罟"原为蒙古语，也可写作"顾姑""固姑""姑姑"，是蒙古族贵妇特有的礼冠，而且只有有爵位的贵妇才能戴。

辽代妇女在面部妆扮方面最大的特色，就是以一种金色的黄粉涂在脸上，这种妆扮称为"佛妆"，其由来和佛教有关。早在汉代，妇女就已开始作额部涂黄的妆扮，到南北朝时，佛教在中国的传播很盛，人们在日常生活各方面受佛教的影响极大，以致涂金的佛像也带给妇女美容方面的启示，于是额黄的妆饰法在南北朝时蔚为风气，十分盛行。直到辽宋时期，还延

图 3—25　元代《梅花仕女图》

续这种妆饰习惯。

金代妇女有在眉心装饰花钿作"花钿妆"装扮的习惯，这在出土的壁画中可清楚地看到。

蒙古族妇女也喜欢用黄粉涂在额部，有的还在额间点上一颗美人痣，这也与佛教有相当密切的关系。当时人人以此为美。从历代后妃像中可以看出，此时眉形较为独特，不仅细长，而且整齐如一直线，称之为"一字眉"。

七、明朝（公元 1368 年—公元 1644 年）

明朝初期，国势强盛，经济繁荣。当时的政治中心虽在河北，然而经济中心却是在农业生产发达的长江下游江浙一带，于是各方服饰都仿效南方，特别是经济富庶的秦淮曲中妇女的妆扮，更是全国各地妇女效法的对象。另外，自宋元以来，开始崇尚以妇女小脚为美的劣习，妇女倍受摧残，妆饰仪容方面当然不可能有特殊的表现。

明朝妇女的发髻样式起初变化不大，基本上仍保留宋元时期的式样，但在发髻的高度上收敛了不少。

世宗嘉庆以后，妇女的发式变化开始繁多。穆宗时，很多妇女喜欢将发髻梳成扁圆形状，并且在发髻的顶部插入簪饰及宝石制成的花朵，称为"桃心髻"。配合这种发型，年轻的女性还戴缀了团花方块的头箍。以后，又流行将发髻梳高，并以金银丝挽结，还有很像男子戴的纱帽，只是发髻顶上缀有翠珠。后来，妇女的发式还曾时兴较清雅的"桃尖顶髻"和"鹅胆心髻"，发式趋向长圆的形状，并且不佩戴任何发饰。

明朝妇女也梳模仿汉朝"堕马髻"的发式，但不尽相同。明朝堕马髻是后垂状，梳时将头发全往后梳，挽成一个大髻在脑后，当时梳这种发式属于较华丽的妆扮。

"牡丹头"是一种蓬松的发髻，梳成后好像一朵盛开的牡丹花，这种发式流行于整个明清时期。

明朝妇女也常用假发，多数是以银丝、金丝、马尾、纱等材料做成"丫髻""云髻"等形式的假髻戴在真发上；还有一种假髻称为"鬏髻"，模仿古制，用铁丝织成圆状，外编以发，比原来的发髻高出一半，是一种固定的发饰，戴时直接罩在原来的发髻上，以簪绾住头发，这种假髻称为"鼓"，在明朝一些墓葬的出土品中都有这类的实物。

到了明末，假髻的式样更是不断地推陈出新。在一些首饰铺里，可买到现成的假鬏，如"罗汉鬏""懒梳头""双飞燕""到枕松"许多不同的假发，琳琅满目。

此外，还有包髻、尖髻、圆髻、平髻、双螺髻、垂髻，还可运用头箍发展出许多变化。总而言之，妇女的发髻式样在时时翻新。

关于头饰，明朝妇女多流行包头的装束，也就是以绫纱罗帕裹在头上，属于发髻扎巾类的装饰法，所用的巾帕称为"额帕"或"额子"，起初制作得较为简单，后来逐渐改良，也更注重式样的剪裁，从而发展成一种装饰作用大于实用目的的"头箍"，贵族妇女或是贫民妇女都普遍戴用，尤其是江南地区的妇女，向来为流行妆扮的先驱，头箍一时蔚为风气，成为明朝妇女头上的一大特色。

和头箍类似的另一种额饰"遮眉勒"，是从唐朝的"透额罗"演变而来。而普遍流行于宋代的盖头，到了明朝仍有人戴用。此外，妇女也喜欢用鲜花饰于发髻上，特别是"素馨"，也就是茉莉花。而盛行于宋朝，在发髻上插梳的妆饰法，在元朝以后逐渐没落，至明清时期，虽仍然有人插梳，但是已不多见。随着手工业的发达，明朝妇女头发饰物的制作技巧比以前更精细、优良，不但有唐宋以来传统的技术，同时还采用自西方传入的烧制珐琅新法，在饰物的造型设计上也更为复杂、精致，更有特色。

就整体来看，明朝妇女的面部妆扮虽仍少不了涂脂抹粉的红妆，但已不似前面几个朝代妇女面部妆扮的华丽及变化，而是偏向秀美、清丽的造型。纤细而略为弯曲的眉毛，细小的眼睛，薄薄的嘴唇，脸上素白洁净，没有大小花子的妆饰，清秀的脸庞越发显得纤细优雅，别有一番风韵。

当时人们欣赏女性外在美的标准是明代流行的"鸡卵脸、柳叶眉、鲤鱼嘴、葱管鼻"，这样的造型在明朝文人的笔记、图像资料中都可看到（见图3—26）。例如明朝帝后图像中便可清楚看到细眉的妆扮，而且眼睛的形状也是细长的。

图3—26 《孟蜀宫妓图》（明唐寅）

虽然明朝对女性的审美观点一般是推崇秀美、端庄的类型，但在芸芸众生中，还是有特别爱俏的妇女，她们以翠羽做成"珠凤""梅花""楼台"等形状的花子，贴在两眉之间，以增艳丽，当时称为"眉间俏"，其实也就是旧时花子的妆饰法。

八、清朝——融合时代（公元 1616 年—公元 1911 年）

满清为女真族的后裔，所以在衣冠服饰各方面都还保留着女真族的习惯。顺治元年，清兵入关后发出告示，强迫在其统治下的汉人须遵照满族习俗，剃发易服，但却遭到各地人民的反对，加上当时大势未定，为笼络民心，清廷容许汉人保持汉族服饰。至顺治三年，清军攻下江南，大势已定，于是厉行剃发易服政策，不服从者便杀头。满清这种残酷的做法，自然引起汉族及其他少数民族的强烈抗争，最后清廷不得不略做让步，接纳了明朝遗臣金之俊的"十不从"建议，保留了部分汉族的传统习俗。至于在宫廷中的妇女，当然都做满族的妆扮。至清朝中期以后，满族妇女和汉族妇女之间的妆饰界限渐淡，且互为效仿，还曾引起当政者的干涉，下令大臣官员之女不可模仿汉风，但时势所趋，满汉之间互相模仿的风气有增无减，到了后期，更使交流发展到彼此融合的境地。

整体而言，明清以来，对女性的礼教约束很严，统治阶级大力提倡"节妇烈女"，要求妇女"行步稳重，低首向前"，"外检束，内静修"，妇女的一言一行、举手投足都受到限制，在妆饰方面也就不可能有突出的表现。明清时期妇女（见图 3—27）一般崇尚秀美清丽的形象，以面庞秀美，弯曲的细眉、细眼，薄小的嘴唇为美。

图 3—27 《胤禛妃行乐图》（清代 佚名）

清朝妇女的发式，也有满式、汉式的分别，初时还各自保留原有传统，而后相互交流影响，也都逐渐产生融合变化。

　　普通满族妇女多梳"旗头"，这是一种横长形的髻式，是满族妇女最常梳盘的发型。这种梳两把头、穿长袍、着高底鞋的装束，是满族妇女显得格外修长的主要原因。至清朝后期，更成为宫中的礼装。

　　旗头的髻式是将长长的头发由前向后梳，再分成两股向上盘绕在一根扁方上，形成横长如一字形的发髻，因此称为"一字头""两把头"或"把儿头"，又因为是在发髻中插以如架子般的支撑物，所以也称为"架子头"。"如意头"与"一字头"大致属于同一类型的髻式，但形式上稍有差异，如意头的形状像一把如意略微弯曲地横在头顶后，不像一字头那般平整。"两把头"的发式逐渐增高，到了清代末期，已发展成一种高大如牌楼似的固定装饰物，不用真发，而是用绸缎之类的材料做成，在这种高大假髻上面又插饰一些花朵，成为固定的装饰物，要用时只需戴在头上便可以了，这种发式即是所谓的"大拉翅"，大致成熟于晚清同治、光绪时期。

　　清时一般汉族妇女的发型多沿用明朝的式样，且又在苏州、上海、扬州一带先流行。当时流行的发式有"牡丹头""荷花头""钵盂头""松髻扁髻"。"牡丹头"流行于苏州地区，因为体积庞大，往往需借助假发的衬垫，才能做出盛大的造型，并配合着蓬松而且光润的鬓发，以显出牡丹般的富态。此发式由于流行广泛，后来流传到北方地区。"荷花头"造型类似盛开的花朵，而"钵盂头"的形式则和倒扣的钵盂颇为相像。这一类的发型式样大同小异，主要都是做成高且大的发髻，两鬓又做掩颧状，还拖着双绺尾，独具风格，极富夸张效果。

　　除此之外，清初一般汉族妇女还流行梳"杭州攒"发式，就是将头发梳在头顶上挽成螺旋式；也有仿效汉朝"堕马髻"的发式，将头发做成倒垂的姿态；在扬州一带还流行许多用假发做成的髻式，这些发髻的名称有些非常有趣，有些非常雅致，如"懒梳头""罗汉鬏""八面观音""蝴蝶望月""双飞燕"等。

　　清朝中叶，苏州地区还流行"元宝头"，这种叠发高盘的髻式仍属高髻。后来发髻的式样逐渐产生了变化，由高髻变成平髻，在发髻的高度方面减低了不少，同时发髻的盘叠也有所变化。北方人称其为"平三套"，南方人则称其为"平头"，此种发髻多用真发做成，而且无明显的年龄限制，老少皆宜。流行至此，高大发式就渐渐衰微了。随着高髻的过时，取而代之的是平髻、长髻，在江南地区多流行梳拖在脑后的长髻，其他地区也相继模仿，蔚为风气。至光绪年间，妇女在脑后挽结一个圆髻或加细线网结发髻的发型，成为很普遍的梳法。年轻的女孩则在额旁挽结一螺髻，因为像蚌中的圆珠，所以有"蚌珠头"之称，也有一左一右梳成两个螺髻的。

到了清末，梳辫逐渐流行，最初大多是少女才梳辫，后来慢慢成为一般妇女的普遍发型。在额前蓄留短发也是这个时期妇女发式的一大特色，称为"前刘海"，本来属于较年轻女孩的打扮，后来也不再限于年轻女孩，而成为一种颇为流行的发式，式样更是越变越多，有"平剪如横抹一线""微作弧形""如垂丝""如排须""似初月弯形"，初时极短，后来越留越长，甚至有覆盖半个额头的刘海。到了宣统年间，更有将额发与鬓发相合，垂于额两旁鬓发处，直如燕子的两尾分叉，北方人称之为"美人髦"。

发饰方面，满族妇女在旗头上插满各式各样的簪、钗或步摇，使旗头显得十分华丽，其质地与制作技术的精细程度往往与使用者的身份地位、经济能力有密切的关系，而且在上面多嵌饰各种珠玉、宝石、点翠。西方制作玻璃品的方法传入之后，玻璃质的发饰逐渐流行。

一般汉族妇女的发饰多沿袭旧俗，不过，清初时期的汉族妇女，尤其是京师的妇女，发髻处的装饰物已比从前华丽。妇女在发髻上簪花的风气，直到清朝仍然盛行不衰。至清朝末期，妇女又崇尚，用金、玉、宝石、珊瑚、翠鸟羽毛等制成的珠花，以此装饰发髻，增添艳丽。

宋元时妇女中流行的"遮眉勒"，至清朝仍是妇女额间的妆饰，称为"勒子"或"勒条"，有的正中部位还钉一粒珠子，不仅被南方农妇普遍戴用，连宫廷的贵族妃嫔也爱戴用，只是式样及质料比农妇所戴用的更华丽、考究罢了。北方地区天寒地冻，妇女用貂鼠、水獭等珍贵动物的毛皮制成额巾系扎在额上，不但保暖，而且可作装饰，称为"貂覆额"，又称"卧兔儿""昭君套"。

年老的妇女常在脑后戴一种用硬纸及绸缎做的"冠子"来固定发型，也有不戴冠子，只用黑色纱网罩住发髻。这种用纱网罩住发髻的方法沿用至今，现在市面上都可以买到类似的发网，除了黑色还有五颜六色的发网，花样多，式样也十分俏丽。

明清时期妇女一般崇尚秀美清丽的形象，清朝妇女的眉式也像明朝妇女一样纤细而弯曲，这从清朝帝后图像及各种仕女图中可清楚看到，模样都是面庞秀美，弯曲细眉、细眼，薄小嘴唇。虽然在当时一般人多崇尚秀美型的妆扮，不过到了清朝后期，大约是同治、光绪时期，一些特殊阶层妇女流行做满族盛装打扮，脸部也做浓妆，即"面额涂脂粉，眉加重黛，两颊圆点两饼胭脂"，到了这个时期，人们的审美观点及妆扮形态有了很大的转变。

尽管皇帝三令五申禁止满族妇女
模仿汉族妇女的服饰及妆扮，然而终
究压制不了多数妇女争奇斗艳的心理，
尤其是慈禧太后（见图 3—28）当权之
后，在服饰、妆扮、生活起居等方面，
都极尽奢华之能事。根据记载，慈禧
十分注重个人的保养，生活作息习惯
也都配合美容养颜的原则。例如定时
定量进食，且食物中都添加了有益皮
肤、养颜美容的成分。慈禧酷爱装饰，

图 3—28　慈禧太后

即使是常服，也是质地极好、装饰极华丽的缎袍，梳着两把头，发髻上满饰珠宝，左
右手各戴一只玉镯子，留着长长的指甲，还戴着保护指甲的指套，指头上戴着金护指、
玉护指及宝石戒指等，其豪华奢侈的程度由此可见一斑。

妇女好施浓胭脂的风气，到了清朝末年才有改变。由于女子受教育之风的兴起，
青年学生纷纷摒弃涂抹红妆，改崇尚淡妆雅服，甚至不施脂粉，改变了原来崇尚浓妆
的风气，使盛行了两千多年的红妆习俗至此告一段落。

九、20 世纪新中国成立前

清末民初（20 世纪 10 年代），中国逐步接受西方文明，但整个社会仍然非常保守。
妇女不可在外抛头露面，大体女性化妆非常简单，眉形偏向细而长的柳叶眉，并以朱
红的小嘴为流行（见图 3—29）。

20 世纪 20 年代，女性争取独立自主，在化妆上也反映出这种转变（见图 3—
30）。眼睛及唇涂深色，头发剪短。妇女化妆几乎都以好莱坞影星的造型为模仿对象。
此时期为卓别林无声电影的时代，片中人物的妆面都是肌肤偏白，注重五官的描绘。

图 3—29　20 世纪 10 年代的女子

图 3—30　20 世纪 20 年代的女子

20 世纪 30 年代的化妆特色与 20 年代有几分相同，肤色的表现以白为底，其余化妆重点造型则都以圆为主（见图 3—31），圆脸、圆腮红、半月形眉、圆唇，面部的线条以曲线为美。

图 3—31　20 世纪 30 年代的阮玲玉

20 世纪 40 年代初期，由于正值第二次世界大战，国内长期陷于战争中，物资匮乏，整个社会风气偏向自然、朴实，流行特质普遍而言并不明显，化妆也符合自然（见图 3—32）。40 年代的美可以说是属于内敛式的性感。

图 3—32　20 世纪 40 年代的女子

第 3 节

化妆品发展简史

一、远古的化妆品

早在新石器中期，随着酿酒的出现，就有了最早的美容。因酒能通血脉，服用后面红如涂胭脂，所以有人提出酒为"媚药"之将帅。媚药，即"使人变美的药"。喝酒后使人变美，恐怕是人类最早使用的美容药物。

第一代化妆品使用天然的动植物油脂，对皮肤做单纯的物理防护，直接使用动植物或矿物中不经过化学处理的各类油脂，即远古化妆品时期。

二、三代及秦汉

古代的农业社会崇尚自给自足，连化妆品也不例外，大都以天然植物、动物油脂香料等为原料经过煮沸、发酵、过滤等步骤制成。

早在公元前 11 世纪的商朝，即有"纣烧铅作粉"（纣指商朝末代君主）涂面美容的方法记载。

在晋《博物志》中记载，"宫粉"是用胡粉（碱式碳酸铅）制成的，并且是皇家后妃用于面部剥脱皮肤专用的美容用品。在后唐《中华古今注》中记载"三代，以铅为粉"，"起自纣，以红蓝花汁凝成燕脂"，用红蓝花汁凝成胭脂（当时叫燕支），涂面作"桃花妆"，用于修饰。但宋高承在《事物纪原》一书中又十分肯定地说："周文王时女人始傅铅粉，秦始皇宫中悉红妆翠眉，此妆之始也"。《淮南子》中说"漆不厌墨，粉不厌白"，显然漆是越黑越好，粉是越白越美。以白粉涂在肌肤上，使肌肤洁白柔嫩，表现青春美感，粉妆的目的便在此，因此，当时有"白妆"之称。

铅粉敷面，有较强的附着力，但若保管不当，容易硫化变黑，故古代较常用的化妆用粉是米粉。米粉是以米粒研碎后加入香料而成。

除铅粉和米粉外，此时期还有一种水银做的"水银腻"，传说是春秋时期萧史所创制的，以供其爱侣弄玉敷面所用。至于涂抹的方式，通常以粉扑沾染妆粉，再涂布于脸上。粉扑则是以丝绸之类的软性材料制成。在颊上涂抹胭脂可说是古今中外妇女化妆的基本方式，我国古代妇女染颊饰红的历史久远，但对其真正开始的时间，古书记载却有出入。

商、周时期，化妆似乎还局限于宫廷妇女，主要是为了供君主欣赏享受。直到东周春秋战国之际，化妆才在平民妇女中逐渐流行。殷商时，因配合化妆观看容颜的需要而发明了铜镜，更加促使化妆习俗的盛行。

战国《韩非子·显学》中记载："故善毛，西施之类，无益吾面，用脂泽粉黛，则位其初，脂以染唇，泽以染发，粉以敷面，黛以画眉。"上述记述证明2000多年前我国已经应用了润发、护发、施脂及口红等一系列美容化妆术。

大多数的史籍均记载最常用的胭脂原料——红蓝，并非源自汉民族，而是张骞出使西域时带回中原的，在红蓝传入之前，中国妇女以朱砂作为红妆的材料。为了使用、贮藏的便利及美观，古代胭脂或凝结做成膏瓣，或混染成粉类，或制成花饼，也有用汁液浸棉、丝、纸的，在使用时，若是膏体状，只要挑一点点，用水化开，抹在手心，再涂匀在脸上就可以了。

两汉时期，随着社会经济的高度发展和审美水平的提高，化妆的习俗得到新的发展，无论是贵族还是平民阶层的妇女，都会注重自身的容颜装饰。汉代妇女也喜好敷粉，并且在双颊上涂抹朱粉，这可从汉代陶俑面部的装饰清楚地看到。

史籍记载，张骞第一次出使西域是在汉武帝时（公元前138—前126年间），途经陕西一带，该地有焉支山，盛产可作胭脂原料的植物——红蓝草，当时为匈奴属地，匈奴妇女都用此物作红妆。当"焉之"这一词语随"红蓝"东传入汉民族时，实际上含有双重意义：既是山名，又是红蓝这一植物的代称，由于是胡语，后来还形成多种写法，例如南北朝时写作"燕支"，至隋唐又作"燕脂"，后人逐渐简写成"胭脂"。

三、唐代

到了唐朝，由于妇女非常时髦，也相当豪放，中唐以后曾流行过袒颈部、胸部也都擦白粉，起到美化的妆饰作用。脸部所擦的粉除了涂白色，即被称为"白妆"外，甚至还有涂成红褐色的"赭面"。赭面的风俗出自吐蕃（即藏族的祖先）。贞观以后，伴随唐朝的和蕃政策，两个民族之间的文化交流不断扩大，赭面的妆式也传入汉族，并以其奇特引起了妇女的仿效，还曾经盛行一时。

安史之乱杨贵妃死后，传说有一种具有美容功效的粉称为"杨妃粉"，腻滑光洁，很适合女子使用，具有润泽肌肤的美容功效。这种粉产于四川马嵬坡上，取用这种粉的人必须先祭拜一番。很明显，这和杨贵妃死于马嵬坡的故事有密切的关联。

故宫博物院藏有唐代银制花鸟粉盒，非常精美，距今已 1000 多年，说明当时不但使用粉，而且有了高级盛装饰品的容器。唐代贵族使用的护肤化妆品丰富多彩，常用的有口脂、面脂、手膏、香药等。每年的腊日（腊月初八）这一天，皇帝都要向身边要臣赏这些物品。玄宗时著名宰相张九龄就得到过这种赏赐，为此他感恩不尽，呈上谢赐香药面脂，以表谢意。

四、辽代、宋代

辽代妇女在面部妆扮方面最大的特色，就是以一种金色的黄粉涂在脸上，这种妆扮称为"佛妆"，其由来和佛教有关。早在汉代，妇女就已开始做额部涂黄的妆扮。到南北朝时，佛教在中国的传播很盛，人们在日常生活各方面受佛教的影响极大，以致涂金的佛像也带给妇女美容方面的启示，于是额黄的妆饰法在南北朝时蔚为风气，十分盛行。直到辽宋时期，还延续这种妆饰习惯。

两宋时期，中外文化交流，发表各种书籍，其中记载了不少美容方剂，《太平圣剂方》中包括了"治粉刺诸方""治黑痣诸方""治疣目诸方""治狐臭诸方""令面光洁白诸方""令生眉毛诸方""治须发、秃落诸方"，如此众多的祖国医学美容方剂，说明当代美容治疗已达到快速发展阶段。史载南宋时，杭州已成为化妆品生产的重要基地。"杭粉"已久负脂粉品牌的盛名。

五、元、明、清

元代许国桢的《御药院方》收集大量的宋、金、元代的宫廷秘方，其中有 180 首目美容方，如"御前洗面药""皇后洗面药""乌云膏""玉容膏"等。其中所载"乌鬓借春散"可乌鬓黑发，"朱砂红丸子"除黑去皱、令面部洁净白润。另外，"冬瓜洗面药"等至今仍具有很好的美容效果。其中还有像今天面膜一样的系列美容，先用"木者实散"洗面再以"桃仁膏"涂敷面部，最后再用"玉屑膏"涂贴护肤，这和今天的去死皮、除皱及护肤的程序很相近。

魏晋时候有一种洗涤剂称为"澡豆"，唐代孙思邈的《千金要方》和《千金翼方》曾记载，把猪的胰腺的污血洗净，撕除脂肪后研磨成糊状，再加入豆粉、香料等，均匀地混合后，经过自然干燥便成可作洗涤用途的澡豆。后来，人们又在澡豆的制作工艺上加以改进，在研磨猪胰时加入砂糖，又以碳酸钠（纯碱）或草木灰（主要成分是碳酸钾）代替豆粉，并加入熔融的猪脂，混合均匀后压制成球状或块状，这就是

"胰子"了。

清末北京一地有胰子店 70 多家。新的肥皂工业兴起后，才逐渐取代了胰子。直至 20 世纪 50 年代，北京前门外还保留有和香楼和花汉冲等老胰子店，其中和香楼开设于明朝崇祯四年（公元 1631 年）。明代"东方医学巨典"李时珍所著《本草纲目》一书收载美容药物 270 余种，其功效涉及增白驻颜、生须眉、疗脱发、乌发美髯、去面粉刺、灭瘢痕疣目、香衣除口臭体臭、洁齿生牙、治酒鼻、祛老抗皱、润肌肤、悦颜色等各个方面。如"面"一篇中描述了枯萎实、去手面皱、悦择人面。"杏仁、猪胰研涂，令人面白。""桃花、梨花、李花、木瓜花、杏花并入面脂，去黑干皱皮，好颜色。"这些都为中医美容宝库提供了宝贵遗产。明代外科专著比历朝丰富得多，陈实功的《外科正宗》总结了粉刺、雀斑、酒渣鼻、痤疮、狐气、唇风的治疗，对每个皮肤病的病理、药物的组成和制作都做了详细介绍。

明清时期妇女一般崇尚秀美清丽的形象，清朝妇女的眉式也像明朝妇女一样纤细而弯曲。由于清代宫廷的重视，从乾隆皇帝到慈禧太后的亲自过问，从内服药物到美发护肤验方比比皆是。相传慈禧七十岁还肌肤白润，双手细腻，皱纹略显，头发油亮，均归功于美容方剂的保养调理。

六、近代化妆品

由于我国长期在封建势力的统治下，生产技术十分落后，化妆品的生产长期处在小"作坊"式的生产状态中。从鸦片战争以后，由于资本主义国家对中国的经济侵略，外国的化妆品开始流进中国市场。直到 20 世纪初，在上海、云南、四川等地出现了一些专门生产雪花膏的小型化妆品厂。最早创办的是扬州"谢魏春"化妆品作坊，创始于 1830 年，距今已有 185 年的历史，是国内化妆品工业的先驱。杭州"孔凤春"化妆品作坊创始于 1862 年，距今有 153 年的历史。1898 年"千里行"在香港建厂，开始生产花露水，以后又在广州、上海、营口建厂生产雪花膏。1911 年中国化学工业在上海建厂，即目前上海牙膏厂的前身。

雪花膏又名香霜，是早期有代表性的护肤膏霜，成分主要是硬脂酸、甘油和山梨糖醇。雪花膏含水较多，微生物容易滋生污染，发酵后产酸产气，易酸败。

冷霜的主要成分是液状石蜡、地蜡、凡士林、蜂蜡、合成脂肪酸酯类、各种乳化剂、硼砂等，可以盛放在金属盒中。由于含油分很多，常添加适量抗氧化剂，防止油脂酸败产生腐臭味。廉价的矿物油合成化妆品的大量推出，使化妆品从上流社会进入万千大众家庭。在中国街头，香皂开始流行起来。

七、现代化妆品（世界）

1. 矿物油时代

20 世纪 70 年代，日本多家名牌化妆品企业被 18 位因使用其化妆品而罹患严重黑皮症的妇女联名控告，此事件既轰动了国际美容界，也促进了护肤品的重大革命。早期护肤品、化妆品起源于化学工业，那个时候从植物中天然提炼还很难，而石化合成工业很发达。所以，很多护肤品、化妆品的原料来源于化学工业，截至目前仍然有很多国际、国内的牌子还在用那个时代的原料，价格低廉，原料相对简单，成本低。因此，矿物油时代也就是日用化学品时代。

2. 天然成分时代

从 20 世纪 80 年代开始，皮肤专家发现：在护肤品中添加各种天然原料，对肌肤有一定的滋润作用。这个时候大规模的天然萃取分离工业已经成熟，此后，市场上护肤品成分中慢慢能够找到天然成分。从陆地到海洋，从植物到动物，各种天然成分应有尽有。有些人甚至到人迹罕至的地方试图寻找到特殊的原料，创造护肤的奇迹，包括热带雨林。当然此时的天然成分有很多是噱头，可能大部分底料还是沿用矿物油时代的成分，只是偶尔添加些天然成分，因为这里面的成分混合、防腐等仍然有很多难题很难攻克。也有的公司已经能完全抛弃原来的工业流水线，生产纯天然的东西，慢慢形成一些顶级的、很专注的牌子。

3. 零负担时代

2010 年前，零负担产品开始在欧美及中国台湾流行，以往过于追求植物、天然护肤的产品，因为社会的发展和为了满足更多人特殊肌肤的要求，护肤品中各种各样的添加剂越来越多，所以，导致很多护肤产品实际并不一定天然。很多使用天然成分、矿物成分的产品由于化学成分较多，给肌肤造成了没必要的损伤甚至过敏，这给护肤行业敲响了警钟，追寻零负担成为现阶段护肤发展史中最具有实质性的变革。

2010 年后，零负担产品开始诞生，以台湾婵婷化妆品为主，一批零负担产品以主导减少没必要的化学成分，增加纯净护肤成分为主题，给女性朋友带了全新的变革。零负担产品的主要特点在于，产品减少了很多无用成分，护肤成分如玻尿酸、胶原蛋白等均为活性使用，直接被肌肤吸收，产品性能极其温和，哪怕再脆弱的肌肤只要使用妥当，一般也没有问题。

4. 基因时代

随着人体 25 000 个基因的完全破译，其中与皮肤和衰老有关的基因也被破解，潜藏在大企业之间的并购已经暗流涌动，许多药厂介入其中。罗氏大药厂斥资 468 亿美元收购基因科技，葛兰素史克用 7.2 亿元收购 Sirtris 的一个抗老基因技术。还有很多企业开始以基因为概念的宣传，当然也有企业已经进入产品化。这个时代的特点就是更严密、更科学，因为是新的技术，必须要有严格的临床和实证，以及严格检测。基因技术在世界各地都是严格控制的。

未来的趋势是每个人的体检都会有基因图谱扫描，根据图谱的变化来验证产品的功效。美国有些机构已经做到这方面的工作了。

第4章

美学基础

第1节

一般美学知识

当今的国家战略发展重点是文化创意产业，化妆师的工作内容已从小范围的戏剧舞台的角色塑造，逐渐进入生活的方方面面。多元风格的鉴别、塑造要素及把握，审美水平的提升，都直接影响化妆师的社会地位和收入水平。因此，化妆师职业美学基础的知识储备势在必行。

一、美学概念

美学学科是德国哲学家鲍姆加通在 1750 年首次提出来的，至今只有 265 年的历史，但是不能说西方美学的历史是从鲍姆加通开始的。

在鲍姆加通之前没有美学，但无论是东方还是西方，美学思想都已经有了2000 多年的历史。这个学科的名称和学科本身的历史是两个问题，所以应该加以区分。很多学者，比如法国的大哲学家杜夫海纳，还有波兰的美学家塔塔尔卡维奇，都认为西方美学的历史是从柏拉图开始的。尽管在柏拉图之前，毕达哥拉斯这些人已经开始讨论美学问题，但是柏拉图是第一个从哲学思辨的高度讨论美学问题的哲学家——美和艺术的观念第一次被列入一个伟大的哲学体系里。柏拉图把"什么东西是美的"和"美是什么"这两个问题区分开来，他在美的现象背后寻找一个抽象的、不变的美的本质。所以从柏拉图开始，在西方美学史上就形成了一个讨论美的本质的传统。

那么，美到底是什么呢？

在古希腊，柏拉图提出"美本身"的问题，即美的本质的问题。从此西方学术界一直延续着对美的本质的探讨和争论。这种情况到 20 世纪开始发生转变。美的本质的研究逐渐转变为审美活动的研究。

20 世纪 50 年代，在我国学术界的美学大讨论中，对"美是什么"的问题形成了四派不同的观点。但无论哪一派，都是用"主客二分"的思维模式来分析审美活动。

不存在一种实体化的、外在于人的"美"。柳宗元提出的命题："美不自美，因人而彰。"即美不能离开人的审美活动。美是照亮，美是创造，美是生成。

不存在一种实体化的、纯粹主观的"美"。马祖道一提出的命题："心不自心，因色故有。"张璪提出的命题："外师造化，中得心源。""心"是照亮美的光源。这个"心"不是实体性的，而是最空灵的，正是在这个空灵的"心"上，宇宙万化如其本然地得到显现和敞亮。

美在意象。朱光潜说："美感的世界纯粹是意象世界。"宗白华说："主观的生命情调与客观的自然景象交融互渗，成就一个鸢飞鱼跃、活泼玲珑、渊然而深的灵境。"

美（意象世界）不是一种物理的实在，也不是一个抽象的理念世界，而是一个完整的、充满意蕴、充满情趣的感性世界。这就是中国美学所说的情景相融的世界。这也就是杜夫海纳说的"灿烂的感性"。

美（意象世界）不是一个既成的、实体化的存在，而是在审美活动的过程中生成的。审美意象只能存在于审美活动之中，这就是美与美感的同一。

美（广义的美）的对立面就是一切遏止或消解审美意象生成（情景契合、物我交融）的东西，王国维称之为"眩惑"，李斯托威尔称之为"审美上的冷淡"，即"那种太单调、太平常、太陈腐或者太令人厌恶的东西"。

美（意象世界）显现一个真实的世界，即人与万物一体的生活世界。这就是王夫之说的"如所存而显之""显现真实"。这就是"美"与"真"的统一。这里说的"真"不是逻辑的"真"，不是柏拉图的"理念"或康德的"物自体"，而是存在的"真"，就是胡塞尔说的"生活世界"，也就是中国美学说的"自然"。

由于人们习惯于用"主客二分"的思维模式看待世界，所以生活世界这个本原的世界被遮蔽了。为了揭示这个真实的世界，人们必须创造一个"意象世界"。意象世界是人的创造，同时又是存在（生活世界）本身的敞亮（去蔽），这两方面是统一的。司空图说："妙造自然。"荆浩说："搜妙创真。"宗白华说："象如日，创化万物，明朗万物！"这些话都是说，意象世界是人的创造，而正是这个意象世界照亮了生活世界的本来面貌（真、自然）。这是人的创造（意象世界）与"显现真实"的统一。

生活世界是人与万物融为一体的世界，是充满意味和情趣的世界，这是人的精神家园。但由于被局限在"自我"的有限天地中，人就失去了精神家园，同时也就失去了自由。美（意象世界）是对"自我"有限性的超越，是对"物"的实体性的超越，是对"主客二分"的超越，从而回到本然的生活世界，回到万物一体的境域，也就是回到人的精神家园，回到人生的自由境界，所以美是超越与复归的统一。

归结概括起来如下：

1. 西方美学的历史是从柏拉图开始的，不是从鲍姆加通开始的。

2. 中国美学的历史至少从老子、孔子的时代就开始了，不能说中国古代没有美学。

3. 在中国近代美学史上，影响最大的美学家是梁启超、王国维、蔡元培。在中国现代美学史上，影响最大的美学家是朱光潜和宗白华。

4. 20世纪50年代到60年代，中国出现了一场美学大讨论。这场大讨论把美学纳入认识论的框架，在"主客二分"思维模式的范围内讨论美学问题，这在很长一段时间内对中国美学学科的建设产生了消极的影响。

5. 美学研究的对象是审美活动。审美活动是人的一种精神—文化活动，它的核心是以审美意象为对象的人生体验。在这种体验中，人的精神超越了"自我"的有限性，得到一种自由和解放，回复到人的精神家园，从而确证了自己的存在。

作为职业化妆师，学习美学的意义在于：第一，完善自身的人格修养，提升自己的人生境界，自觉地去追求一种更有意义、更有价值和更有情趣的人生；第二，完善自身的理论修养，培养自己对于人生进行理论思考的兴趣和能力，从而使自己获得一种人生的智慧。

二、美学研究的对象

美学研究的对象在东西方美学史上均有不同的看法，归纳起来主要有以下几种看法：

1. 研究对象是"美"，就是"美"的本质、"美"的规律。

2. 美学研究的对象是艺术。

3. 美学研究的对象是美和艺术。

4. 美学研究的对象是审美关系。

5. 美学研究的对象是审美经验。

6. 美学研究的对象是审美活动。

三、美学学科的性质

1. 美学是一门人文学科

美学属于人文学科，人文学科研究的对象就是人文世界，也就是人的精神世界和文化世界。精神世界是内在的，文化世界是外在的，它们是统一的。

人文学科总要设立一种理想人格的目标和典范。人文学科引导人去思考人生的目的、意义和价值，去追求人的完美化。人文学科不是实践的工具，而是发展人性、完善人格。它不是让人学到技术，而是提高人的文化素养和文化品格。人文学科不是工具，它没有直接的功利的用途，这与社会科学不一样，社会科学比如经济学、法学、政治学、人口学、统计学等，对社会生活有明显的指导意义和直接的应用价值，可以推动社会经济的发展，提高社会管理的效率，所以具有广泛的、直接的实用性。人文学科没有直接的功利性，但是这不等于说人文学科没有用，人文学科最主要的功用就是教化。黑格尔说过，"人之所以为人，就在于人能够脱离直接性和本能性。因此人需要教化，教化的本质就是个体的人提升为一个为普遍性的精神存在"。所以他认为哲学就是在教化中获得了它存在的前途和条件。

当代解释学大师伽达默尔说过，"精神科学是随着教化一起产生的"，因为精神的存在是和教化的观念本质上连在一起的。

美学作为人文学科的特点是：

第一，美学和人生有着十分紧密的联系。美学各个部分的研究都不能离开人生，不能离开人生的意义和价值。美学研究的全部内容最后归结起来就是引导人们去追求一种更有意义和更有价值的人生，也就是引导人们去努力提升自己的人生境界。

第二，美学和每个民族的文化传统有着十分紧密的联系。美学研究人的精神世界和文化世界，而不同地区、不同民族的文化既有共同、相通的一面，又有特殊、差异的一面。中国化妆师在进行化妆设计时要注意中国文化和西方文化的差异性。应该吸收西方文化中一些好的东西，但是立足点应是中国文化。

2. 美学是一门理论学科

从历史上看，美学理论是哲学的一个分支，每个时代的大哲学家，建立的哲学体系都有一部分是美学。美和真、善是哲学永恒的课题。康德有三大批判，其中判断力批判有一部分内容就是美学。黑格尔有逻辑学和美学，所以美学属于哲学学科、理论学科，这一点往往被很多人误解。在很多人的心目中美学是研究艺术的，艺术是形象思维，所以美学当然也属于形象思维。美学是一种哲学思维，是理论思维，所以跟艺术有关系。

还有一种误解是把审美意识和美学混为一谈。这种看法认为每一个人都有自己的审美观，都有自己的审美理想、审美趣味，因而每个人都是美学家，至少每个艺术家都是美学家。美学不是一般的审美意识，美学是表现为理论形态的审美意识。尽管每个人都有审美意识、审美趣味、审美理想，但不一定表现为理论的形态，所以不能说每个人都是美学家，也不能说每个艺术家都是美学家。这个正如哲学是世界观，每个人都有世界观，但不能说每个人都是哲学家。哲学不是一般的世界观，哲学是表现为理论形态的世界观。当然有的艺术家同时是美学家，因为他有理论形态的东西，譬如中国的石涛。石涛是大画家，但是他有理论著作——《画语录》。《画语录》是中国绘画史上具有系统性的一本著作，所以石涛既是大画家，也是绘画美学家。

3. 美学是一门交叉学科

美学是一门哲学学科，但从另一个角度看，美学和许多学科都有密切的关系。在一定意义上说，美学是一门交叉学科。

美学和艺术有密切的关系，但不能把美学研究的对象定义为艺术，美学和艺术、艺术史等学科有紧密的联系。因为艺术是人类审美活动的一个重要的领域，美学基本理论的研究离不开艺术。无论是在西方还是在中国，很多重要的美学理论都是通过对艺术的研究提出来的。

美学和心理学确有密切的关系，但不能用心理学的美学来代替哲学美学。对美感的分析要借助心理学的研究成果，在美学史上有不少心理学家对美学理论做出了贡献，比如利普斯的移情说、布洛的距离说。对心理学的成果应该有分析，不能夸大它在美学领域的作用，比如实验美学的局限性就很大，朱光潜先生曾经做过详细的分析；又比如弗洛伊德的精神分析心理学在美学领域的局限性和片面性也很大。

美学和语言学有密切的关系，这一点随着 20 世纪西方美学的发展越来越清楚。克罗齐提出一个看法，认为普通语言学就是美学，因为它们都是研究表现的科学。接着是卡西尔的符号学理论，海德格尔的"语言是存在的家园"理论，维特根斯坦的"全部哲学就是语言批判"理论，巴赫金的对话理论，从索绪尔发端而以罗兰·巴特为代表的结构主义和以福柯、德里达为代表的后结构主义，还有加达默尔的解释学，所有这些理论都对美学产生巨大的影响。这就是现代西方哲学和美学所谓的语言学的转向。美学和语言学的关系，从中可以看出端倪。然而西方有一些分析哲学家和美学家忽视人的意义世界和价值世界的问题，把全部哲学问题都归结为语义分析显然是片面的，应该摆脱这种片面性。

美学和人类学有密切的关系。人类的审美活动是在历史上发生、发展的，人类学的研究成果对研究审美活动的发生、发展就可能有重要的价值。比如格罗塞的《艺术的起源》、列维·布留尔的《原始思维》、弗雷泽的《金枝》都是人类学的经典著作，都成为美学家的重要参考书。普列汉诺夫在他的《没有地址的信》《艺术与社会生活》等美学、艺术学的著作中都曾经引用了格罗塞的《艺术的起源》中的一些研究成果。

美学和神话学有密切的联系。当代的神话学学者约瑟夫·坎伯认为神话就是体验生命，体验存在本身的喜悦。这就使得神话学和美学有一种内在的联系。因为美学的研究对象，其中之一是审美活动，而审美活动的本性就是一种人生体验、一种生命体验、一种存在本身的喜悦的体验。

美学和社会学、民俗学、文化史、风俗史有密切的关系。审美活动作为人的一种社会文化活动，必然要受到社会、历史、文化、环境的制约。所以，社会学、民俗学、文化史、风俗史的研究成果对美学研究就可能有重要的参考价值。美学中关于审美趣味、审美风尚、民俗风情这些问题的研究也离不开社会学、民俗学、文化史、风俗史的研究成果。

由于美学和众多的相邻学科有密切的关系，所以在美学研究中，一方面要坚持哲学的思考；另一方面，要有多学科和跨学科的视野，要善于吸收、整合众多相邻学科的理论方法和理论成果。

4. 美学是一门发展中的学科

无论是在西方还是在中国，美学思想都有 2000 多年的发展历史，出现了许多在理论上有贡献的美学思想家。20 世纪以来，西方美学的新流派层出不穷，但是，在当代西方美学的众多的流派中，至今还找不到一个成熟的现代形态的美学体系。所谓现代形态的美学体系，一个重要的标志就是要体现 21 世纪的时代精神，这种时代精神就是文化的大综合。

所谓文化的大综合，主要体现在两个方面。一方面是东方文化和西方文化的大综合，就是 19 世纪文化精神和 20 世纪文化学术精神的大综合。比如理性主义和非理性主义的综合，历史主义和结构主义的综合等。但是，现在还没有一个美学流派、一个美学体系能够体现 21 世纪这个时代精神，没有一个美学流派、美学体系能够体现这种文化的大综合。当代西方的各种美学流派、美学体系基本上属于西方文化的范围，并不包括中国文化及整个东方文化。这样的美学是片面的，称不上是真正的、国际性的学科，要使美学成为真正的、国际性的学科，必须具有多种文化的视野。中国美学和西方美学分属两个不同的文化系统，这两个文化系统当然有共同性，也有相通之处。但是更重要的是这两个文化系统各自都有极大的特殊性。中国古典美学有自己独特的范畴和体系，西方美学不能包括中国美学。进入21世纪，世界开始重视中国美学的特殊性，对中国美学进行独立的、系统的研究，并且力求把中国美学及整个东方美学的积极成果和西方美学的积极成果融合起来，这样才能把美学建设成为一门真正的、国际性的学科，真正体现21世纪的时代精神。

另一方面，当代西方美学的各种美学流派和美学体系基本上是体现20世纪文化学术精神，并没有同时体现19世纪的文化学术精神。20世纪西方美学所出现的种种转向，比如心理学的转向、非理性主义的转向、批判理论的转向、语言学的转向等是对19世纪西方文化学术精神的否定。到20世纪的后期，在某些方面已经开始出现转向，而且这种转向又和前面所说的东方文化及西方文化融合的进展有一种很复杂的联结和渗透。美学进入21世纪，人们期望在美学的理论建设中，出现一种能在更高的层面上实现19世纪文化和20世纪文化大综合的前景。由于至今还找不到一个体现21世纪时代精神的、体现文化大综合的、真正称得上是现代形态的美学体系，所以说美学还是一门正在发展中的学科。体现21世纪时代精神的、真正称得上是现代形态的美学体系，还有待人们去建设、去创造。当然，这需要有一个长期的过程，需要国际学术界的共同努力。

美学学科的性质决定了化妆师学习美学的方法：

（1）要注重美学与人生的联系，学习和思考任何美学问题都不能离开人生。

（2）要立足于中国文化。

（3）要注重锻炼和提高自己的理论思维的能力。

（4）要有丰富的艺术欣赏的直接经验，同时要有系统的艺术史知识。

（5）要扩大自己的知识面。

（6）要有开放的心态，要注意吸收国内外学术界的新的研究成果。

四、美学学科的内涵

1. 美感的分析

美感不是认识，而是体验。美感不是把人与世界万物看成彼此外在的、对象性的关系；美感是"天人合一"，即人与世界万物融合的关系，是把人与世界万物看成是内在的、非对象性的、相通相融的关系。美感不是通过思维去把握外物或实体的本质与规律以求得逻辑的"真",而是与生命、人生紧密相连的直接经验。它是瞬间的直觉,在瞬间的直觉中创造一个意象世界,从而显现(照亮)一个本然的生活世界。这是存在的"真"。

王夫之借用因明学的一个概念"现量"来说明美感的性质。"现量"的"现"有三层含义。一是"现在",即当下的直接感兴,在"瞬间"("刹那")显现一个真实的世界。只有美感(超越主客二分)才有"现在",只有"现在"才能照亮本真的存在。二是"现成",即通过直觉而生成一个充满意蕴的、完整的感性世界,所以美感带有超逻辑、超理性的性质。美感的直觉包含想象(原生性的想象),因而审美体验才能有一种意义的丰满。三是"显现真实",即照亮一个本然的生活世界。

审美态度(审美心胸)就是抛弃实用的(功利的)态度和科学的(理性的、逻辑的)态度,这是美感在主体方面的前提条件。布洛用"心理的距离"来解释这种态度。"心理的距离"是说人和实用功利拉开距离,并不是说和人的生活世界拉开距离。

美感是一种精神愉悦,是超功利的,其核心是生成一个意象世界,所以不能等同于生理快感。但在有些情况下,在精神愉悦中可以夹杂生理快感。在有些情况下,生理快感可以转化为美感或加强美感。人的美感,主要依赖于视觉、听觉这两种感官。但是,其他感官(嗅觉、触觉、味觉等感官)获得的快感,有时也可以渗透到美感当中,可以转化为美感或加强美感。在盲人和聋人的精神生活中,这种嗅觉和触觉的快感在美感中所起的作用可能比一般人更大。

马斯洛提出的"高峰体验"的概念,是对人生中最美好的时刻、生活中最幸福时刻的概括,是对心醉神迷、销魂、狂喜及极乐的体验的概括。马斯洛把审美体验列入高峰体验。他认为高峰体验会引发一种感恩的心情,一种对于每个人和万事万物的爱的描述,指出了美感的一个极其重要同时又被很多人忽视的特点。综合来说,美感有以下五方面的特性:

(1)无功利性。在审美活动中,人们超越了对象的实在,因而也就超越了利害的考虑。这意味着美感是人和世界的一种自由的关系。

(2)直觉性。这是美感的超理性(超逻辑)的性质。超理性不是反理性。美感中包含理性的成分,或者说在"诗"(审美直觉)中渗透着"思"(理性)。

(3)创造性。美感的核心是生成一个意象世界,这是不可重复的、一次性的。

(4)愉悦性。美感的愉悦性从根本上是由美感的超越性引起的。在美感中,人超越自我的牢笼，回到万物一体的人生家园，从而在心灵深处引发一种满足感和幸福感。这种满足感和幸福感可以和多种色调的情感反应结合在一起，构成一种非常微妙的、复合的精神愉悦。这是人的心灵在物我交融的境域中与整个宇宙的共鸣和颤动。

（5）超越性。美感在物我同一的体验中超越主客二分，从而超越"自我"的有限性。这种超越，使人获得一种精神上的自由感和解放感；这种超越，使人回到万物一体的人生家园。由于美感具有超越性，所以在美感的最高层次即宇宙感这个层次上，也就是在对宇宙的无限整体和绝对美的感受层次上，美感具有神圣性。这个层次上的美感是与宇宙神交，是一种庄严感、神秘感和神圣感，是一种谦卑感和敬畏感，是一种灵魂的狂喜，这是最高的美感。在美感的这个层次上，美感与宗教感有某种相通之处。

2. 美和美感的社会性

美和美感具有社会性：第一，审美主体都是社会的、历史的存在，因而审美意识必然受到时代、民族、阶级、社会经济政治制度、文化教养、文化传统、风俗习惯等因素的影响；第二，任何审美活动都是在一定的社会历史环境中进行的，因而必然受到物质生产力的水平、社会经济政治状况、社会文化氛围等因素的影响。

美是历史的范畴，没有永恒的美。

人的审美活动与人的一切物质活动和精神活动一样，不能脱离自然界。自然地理环境必然融入人的生活世界，深刻地影响一个民族的生活方式和精神气质，从而深刻地影响一个民族的审美情趣和审美风貌。

对审美活动产生决定性影响的是社会文化环境，包括经济、政治、宗教、哲学、文化传统、风俗习惯等多方面的因素，其中经济的因素是最根本的、起长远作用的因素。

社会文化环境对审美活动的影响，在每个人身上集中体现为审美趣味和审美格调。审美趣味是一个人的审美偏爱、审美标准、审美理想的总和，是一个人的审美观的集中体现。它制约着主体的审美行为，决定着主体的审美指向。审美趣味既带有个体性的特征，又带有超个体性的特征。审美格调（审美品位）是一个人的审美趣味的整体表现。一个人的审美趣味和审美格调（审美品位）是社会文化环境的产物，受到这个人的家庭出身、阶级地位、文化教养、社会职业、生活方式、人生经历等多方面的影响，是在这个人的长期生活实践中逐渐形成的。

社会文化环境对审美活动的影响，在整个社会集中体现为审美风尚和时代风貌。审美风尚（时尚）是一个社会在一定时期中流行的审美趣味，体现一个时期社会上多数人的生活追求和生活方式，并且成为整个社会的一种精神氛围。时尚的一个特点是影响面广，往往不分社会地位和社会阶层，也不分男女老幼。时尚的另一个特点是渗透力和扩张力很强。时尚的扩张和流行，对于社会中的很多人来说，往往要经历一个"装模作样"或"装腔作势"的过程。这种"装模作样"的过程，实际上是社会上占越来越大比例的中小资产阶层群众追随上层精英分子生活风气的一种表现。在当代，这种社会大众掀起的追求时髦的运动，越来越影响整个社会的审美趣味和生活风气。时代风貌是一个社会在一个较长时期所显示的相对比较稳定的审美风貌，是那个时期的社会美和艺术美的时代特色。

3. 自然美

自然美的本体是审美意象。自然美不是自然物本身客观存在的美，而是人心目中显现的自然物、自然风景的意象世界。自然美是在审美活动中生成的，是人与自然风景的契合。

自然美的生成（人与自然风景的契合）要依赖于社会文化环境的诸多因素，依赖于审美主体的审美意识及审美活动的具体情境，因而自然物不能"全美"（"全美"即在任何时候对任何人都能生成意象世界）。"肯定美学"提出的"自然全美"的观点是站不住的。"肯定美学"在理论上错误的根源在于把自然物的美看成是自然物本身的超历史的属性，从而否定审美活动（美与美感）是一种社会的、历史的文化活动，主张一种完全脱离文化世界、完全排除价值内涵的所谓"纯然的必然性"和"解人化的自然"，其实那是不可能存在的。

自然美和艺术美一样，都是意象世界，都是人的创造，都真实地显现人的生活世界。就这一点说，自然美和艺术美并没有高低之分。

自然美是历史的产物，自然美的发现离不开社会文化环境。在西方，自然美的发现开始于文艺复兴时期；在中国，自然美的发现开始于魏晋时期。

自然美的意蕴是在审美活动中产生的，因而它必然受审美主体的审美意识的影响，必然受社会文化环境各方面因素的影响。脱离社会文化环境的所谓体现纯然必然性的意蕴是根本不存在的。

中国传统文化中有一种强烈的生态意识。中国传统哲学是"生"的哲学。中国古代思想家认为，"生"就是"仁"，"生"就是"善"。中国古代思想家又认为，大自然是一个生命世界，天地万物都含有活泼的生命、生意。这种生命、生意是最值得观赏的，人们在这种观赏中，体验到人与万物一体的境界，从而得到极大的精神愉悦。在中国古代文学艺术的很多作品中，都创造了"人与万物一体"的意象世界，这种意象世界就是今天所说的"生态美"。

4. 社会美

社会美是社会生活领域的意象世界，也是在审美活动中生成的。一般来说，在社会生活领域，利害关系经常处于统治地位，再加上日常生活的单调、重复的特性，人们更容易陷入"眩惑"的心态和"审美的冷淡"，所以审美意象的生成常常受到遏止或消解，这可能是社会美过去不太被人注意的一个原因。

人物美属于社会美。人物美可以从三个层面去观察：人体美、人的风姿和风韵，以及处于特定历史情景中的人的美。这三个层面的人物美，都显现为人物感性生命的意象世界，都是在审美活动中生成的，带有历史的、文化的内涵。

老百姓的日常生活尽管天天重复，显得单调、平淡，但如果人们能以审美的眼光去观察，就会生成一个充满情趣的意象世界。这个意象世界含有深刻的历史意蕴，显现出老百姓本真的生活世界。

在人类的历史发展中，出现了一些特殊的社会生活形态，如民俗风情、节庆狂欢、休闲文化等。在这些社会生活形态中，人们在不同程度上超越了利害关系、习惯势力的统治，超越了日常生活的种种束缚，摆脱了"眩惑"的心态和"审美的冷淡"，在自己创造的意象世界中回到人的本真的生活世界，获得审美的愉悦。这些社会生活形态是社会美的重要领域。特别是节庆狂欢活动，是最具审美意义的生活。柏拉图、歌德、尼采、巴赫金都指出，在狂欢节中，由于超越了日常生活的严肃性和功利性，人与人不分彼此，自由来往，从而显示了人的自身存在的自由形式。生活回到了自身，人回到了自身，"回复到人类原来的样子"。人在狂欢节的活生生的感性活动中体验到自己是人，体验到自己是自由的，体验到人与世界是一体的。人浑然忘我，充满幸福的狂喜，这是纯粹的审美体验。

学术界对"日常生活审美化"有多种多样的理解和解释。我们认为，"日常生活审美化"不应理解为用审美眼光看待日常生活，不应理解为追求人生的艺术化，不应理解为后现代主义艺术的某些流派抹掉艺术与生活（艺术与非艺术）之间界限的主张和实践，也不应理解为网络、影像等虚拟世界的泛滥。"日常生活审美化"是对大审美经济时代的一种描绘。在这样一个大审美经济时代，审美（体验）的要求越来越广泛地渗透到日常生活的各个方面，人们在生活中追求一种愉快的体验。在这样一个大审美经济时代，文化产业越来越受到重视。

5. 艺术美

艺术的本体是审美意象，即一个完整的、有意蕴的感性世界。艺术不是为人们提供一件有使用价值的器具，也不是用命题陈述的形式向人们提供有关世界的一种真理，而是向人们呈现一个意象世界，从而使观众产生美感（审美感兴）。所以艺术和美（广义的美）是不可分的。

艺术是多层面的复合体。除了审美的层面（本体的层面），还有知识的层面、技术的层面、物质载体的层面、经济的层面、政治的层面等。

艺术与非艺术的区分就在于看这个作品能不能呈现一个意象世界，也就是王夫之说的能不能使人"兴"（产生美感）。西方后现代主义的一些流派，如"波普艺术"和"观念艺术"的一些艺术家，他们否定艺术与非艺术的区分，实质上是摒弃一切关于意义的要求，从而导致意蕴的虚无。他们的一些"作品"没有任何意蕴，因而不能生成审美意象，也不能使人感兴，因此这些东西不是艺术。

艺术创造的过程包括两个飞跃，一个是从"眼中之竹"到"胸中之竹"的飞跃，一个是从"胸中之竹"到"手中之竹"的飞跃，在这个过程中可能涉及政治的因素、经济的因素、物质技术的因素等多种复杂的因素，但这一切的中心始终是一个意象生成的问题。

艺术作品的结构可以分成不同的层次：材料层、形式层、意蕴层。

艺术作品的材料层有两方面的意义：一方面，它影响整个作品的意象世界的生成；另一方面，它给观赏者一种质料感，这种质料感会融入美感，成为美感的一部分。

艺术作品的形式层也有两方面的意义：一方面，它显示作品（整个意象世界）的意蕴、意味；另一方面，它本身可以有某种意味，这种意味即一般所说"形式美"或"形式感"，这种形式感也可以融入美感而成为美感的一部分。

艺术作品的意蕴层带有某种程度的宽泛性、不确定性和无限性。这就是王夫之所说的"诗无达志"。这决定了艺术欣赏中的美感差异性和丰富性。

对艺术作品进行阐释是不可避免的，也是有价值的。但是这种以逻辑判断和命题的形式所做的阐释，只是对作品意蕴的一种近似的概括和描述，这与作品的"意蕴"并不是一个东西。同时，对于一些伟大的艺术作品来说，一种阐释只能照亮它的某一个侧面，而不可能穷尽它的全部意蕴。因此，这些作品存在着一种阐释的无限可能性。

艺术作品的意蕴层带有复合性，中国古人称之为"辞情"和"声情"的复合。在不同的艺术形式和艺术作品中，这种复合是不平衡的。这是研究艺术作品意蕴应该关注的一个问题。

"意境"是"意象"（广义的美）中的一种特殊的类型，它蕴含着带有哲理性的人生感、历史感和宇宙感。"意境"给予人们一种特殊的情感体验，就是康德说的"惆怅"，也就是尼采说的"形而上的慰藉"。"意境"不仅存在于艺术美的领域，而且也存在于自然美和社会美的领域。

6. 科学美

物理学领域的一些大师，如彭加勒、爱因斯坦、海森堡、狄拉克、杨振宁等人，他们都肯定"科学美"的存在。在他们看来，"科学美"表现为物理学理论、定律的简洁、对称、和谐、统一之美，也就是说，"科学美"主要是一种数学美、形式美。他们都指出，"科学美"是诉诸理智的，是一种理智美。他们都相信，物理世界的"美"和"真"（物理世界的规律和结构）是统一的，因而他们都强调，科学家对于美的追求，在物理学的研究中有重要的作用。

在科学美的领域存在着几个在理论上需要研究的问题：

第一，自然美、社会美、艺术美是审美意象，它们诉诸人的感性直觉，而"科学美"是用数学形态表现出来物理学的定律和理论架构，它诉诸人的理智。那么，从美的本体来说，科学美和自然美、社会美、艺术美能否统一呢？有没有可能提出（发明）一种新的理论架构，把科学美与自然美、社会美、艺术美都包含在内呢？

第二，美感不是认识而是体验，是超功利、超逻辑的。而科学美是一种数学美、逻辑美，它超功利，但并不超逻辑。那么，科学美的性质与内涵和一般的美感就有重要的差别，是一个有待解决的问题。

第三，很多物理学家都认为从物理学研究的成果中可以观照宇宙的绝对无限的存在，从而获得一种宇宙感。但是，物理学研究的成果是人类理性活动的产物，而宇宙感则是一种超理性的体验，这就产生一个问题，就是人们有没有可能从理性的领域进入超理性的领域的问题，也就是人们有没有可能从逻辑的"真"进入永恒存在的"真"、从形式美的感受进入宇宙无限整体的美的感受的问题。

很多科学大师都认为追求科学美是科学研究的一种动力，理由主要是：第一，美的东西必定是真的，因此可以由美引真。第二，在科学研究中要想获得创造性的成果，必须依赖直觉和想象。

人的大脑两半球有分工。但是，一个人在自己的人生和创造中如果能使大脑两半球的功能互相沟通、互相补充，那就可能使自己在科学和艺术这两个领域或在其中一个领域创造辉煌的创造性的成果。这是达·芬奇、丢勒、歌德、张衡、爱因斯坦等大科学家、大艺术家留下的启示。

7. 技术美

技术美是社会美的一个特殊的领域，是在大工业的时代条件下，各种工业产品及人的整个生存环境的美。技术美要求在产品生产中把实用的要求和审美的要求统一起来。

在西方历史上，对技术美的追求可以分为三个阶段：第一阶段以莫里斯为代表，主张恢复手工业时代那种既实用又美观的古典风格；第二阶段以苏利约及格罗庇乌斯等人为代表，主张产品的外观形式应该是它的功能的表现；第三阶段受 20 世纪人本主义思潮的影响，审美设计从工业产品扩展到整个人类的生存环境。

技术美的核心是功能美，即产品的实用功能与审美的有机统一。功能美的追求是对历史上曾出现过的两种片面性的否定，一种是只求功能不问形式，另一种是把产品的审美价值完全归结为外在的形式。这两种片面性都是对实用功能和审美的割裂。

为了正确把握功能美，要注意两个问题：第一，此处的功能不仅要适应人的物质要求（即产品的使用价值），而且要适应人的精神需求（即产品的文化价值、审美价值）。第二，功能不仅应该体现为产品的内在形式结构，而且也应该体现为产品的表层外观。产品外观的缺陷往往意味着功能的缺陷。

技术美（功能美）给人的愉悦是一种复合体，包括生理快感、美感和某种精神快感。在当代，越是高档的产品，美感在这个复合体中占的比重就越大。

8. 美育

美育属于人文教育，它的根本目的是发展完满的人性，使人超越"自我"的有限存在和有限意义，获得一种精神的解放和自由，回到人的精神家园。

美育的功能主要有以下三个方面：第一，培育审美心胸和审美眼光；第二，培养审美感兴能力；第三，培养健康的、高雅的、纯正的审美趣味。

美育和德育有紧密的联系，但是不能互相代替，德育不能包括美育。最根本的区别在于美育可以使人通过审美活动而超越"自我"的有限性，在精神上进到自由境界，这是依靠德育所不能达到的。

美育可以激发和强化人的创造冲动，培养和发展人的审美直觉和想象力，所以美育对于培育创新人才有着自己独特的、智育所不可替代的功能。美育可以使人具有一种宽阔、平和的胸襟，这对于一个人成就大事业、大学问有非常重要的作用。

随着社会经济的发展，商品的文化价值、审美价值逐渐成为主导价值，文化产业成为最有前途的产业之一，因而加强美育成了 21 世纪经济发展的迫切要求。

实施美育不能理解为仅仅开设一门或几门美育或艺术类的课。美育应渗透在学校教育的各个环节和社会生活的各个方面。对于一所学校来说，应该注重营造浓厚的文化氛围和艺术氛围。对于整个社会来说，应该注重营造优良的、健康的社会文化环境。特别是大众传媒，应该重视自己的人文内涵，应该传播健康的趣味和格调，引导受众去追求一种更有意义和更有价值的人生。

实施美育不能局限于学校教育的阶段。因为美育的目标和功能不仅是使受教育者增加知识，而且要引导受教育者追求人性的完满，追求一个有意味、有情趣的人生，所以美育应该伴随人的一生。其中青少年阶段的美育要注意以下四点：第一，要注意使学生自由、活泼地生长，充满欢乐，蓬勃向上；第二，要注重审美趣味、审美格调、审美理想的教育；第三，要加强艺术经典的教育；第四，要组织学生更多地接受人类文化遗产的教育。

形式美学原理

一、形式美的概念

1. 形式和内容的概念

形式是客观事物外在的、感性的、能够被人的感觉器官把握到的客观存在。形式往往通过人的感性认识就可以直接把握。事物的感性形式是人类所有的感性活动、实践活动、认知活动的前提基础。这些活动就包括人类的审美活动。人类的审美活动主要以客观事物的感性形式为主要对象。

内容是组成客观事物的内在结构、质料。与形式相比，内容不易被人的感觉器官直接把握。内容往往要通过人的理性认知才能获得。内容是人类实践活动、科学认知的主要对象。

2. 形式和内容的关系

任何具体的事物都可以说是内容和形式的统一。

第一，没有无形式的内容。任何内容均有形式。人们常说：山有山形、水有水态。世界上的事物不存在无形式的内容。所谓的无形式，就是指看不见、摸不着、感觉不到的东西。比如说鬼怪、神灵是不存在的，但人们也给他们想象出各种各样的形式。如西方的上帝、佛教中的各类神灵。如鲁迅所言，世间的鬼怪神灵无非是人的身体再加个牛头、马首，要么是颈项延长二三尺而已。再比如山、水、树、石头等具体的客观事物，都是既有形式又有内容的事物，是形式和内容的具体的统一。即使人的精神意识之类的东西，也要有外在的东西才能被他人感知，比如语言、文字、图像、体态、行为、表情等。这些东西就是人的精神意识的外在形式。

第二，没有无内容的形式。任何形式都有内容。即使那些所谓的纯抽象的图形本身，比如三角形、圆形、正方形、无规则的图形等也是有内容的。它们的内容就是形式本身。只不过在内容和形式之间更突出了形式而已。所谓的纯形式，是人类为了某种目的而从客观的、具体的事物身上抽取出来的东西。纯形式是人们为了更加突出事物形式性特征。如古希腊哲学家毕达哥拉斯说，圆心是所有图形中最美的图形；英国美学家荷加兹说，蛇形线是最美的线条。

3. 美的形式和美的内容

（1）美的形式。美的形式是美的事物本身所具有的外在、感性的、能够为人的审美感官直接把握到的客观存在。人的审美感官主要是指人的视觉和听觉。美的形式可以直接带给人美的感受，是和人的生命、精神直接相关联的事物的感性状貌、特征、性状。人们对美的形式的感受有时不必借助于人的理性思维。

（2）美的内容。美的内容是指人们在对美的形式感受的基础上，对美的事物进一步感受所获得的客观特征、性状的理解、把握和认识。美的内容是在人们感受美的形式基础上的第二次审美所获得的。比如把玩、玩味、品味、感悟、体悟、鉴赏等。

1）美的内容与美的形式的关系。美的内容和美的形式的关系是辩证统一的。美的内容和形式是美的事物统一体不可分割的组成部分。美的内容不能脱离美的形式而孤立存在，必须通过具体的感性形式表现出来；美的形式是美的内容在外在方面的感性表现。没有美的内容，美的形式也就无存在的价值。正如别林斯基所说："如果形式是内容的表现，它必然和内容紧密地联系着，你要想把它从内容中分出来，那就意味消灭了内容；反过来也一样，你想把内容从形式中分出来，那就等于消灭了形式。"

在具体的审美对象中，美的内容和形式并不是处在同等地位，它们所起的作用也不同。美的内容决定美的形式，美的形式从属于美的内容。美的内容始终处于矛盾的主导地位，是美的事物的基本方面；而美的形式则随着美的内容的展开而发挥其强有力的表现功能。美的内容与形式相互依存、密不可分、对立统一，这是就美的一般意义来说的。对于具体的美的形态和事物来说，美的内容和形式之间都是具体的、历史的、相对的统一。社会美内容胜于形式，自然美形式胜于内容，艺术美和科学美要求内容和形式的完美统一，技术美要求内容（实用）和形式（美观）有机结合。

美的内容与美的形式具有同一性，这是最基本的方面。然而，美的形式并不只是处于消极的、被动的辅助地位；美的形式和内容之间还有矛盾的一面。

2）美的形式对美的内容的作用

第一，美的形式对美的内容有一定的反作用，这就是美的形式对于美的内容的能动作用。当美的形式适合美的内容时，对美的内容的具体表现和展开能起到积极的推动作用，充分揭示美的内容，增强美的感染性；反之，当美的形式不适应美的内容时，就会妨碍内容的表现，削弱美的感染力。

第二，美的形式在美的创造与鉴赏过程中起着重要的桥梁作用。美的形式是直接作用于主体的感官的。人们对美的感受总是从感知形式因素开始，然后通过形式进而感受其内容。

第三，美的形式具有自身的历史继承性。在美的内容和形式的矛盾运动中，美的内容比较活跃、积极、多变，而美的形式的发展具有较大的稳定性，表现为相对定型化，因而有着自身的历史继承性。

第四，美的形式具有相对独立性。美的形式对美的内容既有依存性的一面，又有一定的相对独立性。这种相对独立性发展到一定程度，甚至可以脱离美的内容，而成为一种抽象化了的具有独立审美价值的形式美。

3）美的形式的特性。美的形式具有三方面特性：第一，美的形式依存于美的事物。第二，美的形式同美的内容紧密相连。第三，美的形式具有可变性。

4）形式美的概念。形式美是指美的形式因获得普遍性的美感而被人抽取出来所形成的一种美，是美的形式的升华。

这里要分清几个主要概念之间的关系。形式是内容诸要素的结构方式和外部表现形态。形式美是人类符号实践的一种特殊形态，是从具体美的形式中抽象出来、由自然因素及其组合规律构成的、具有独立审美价值的符号体系。

5）形式美与美的形式区别。形式美属于美的形式因素，但又不等于美的形式。美的形式是具体审美对象的感性形态，是同美的内容直接相联系的；形式美则是从各个具体的美的形式中抽象出来的共同的美。具体的美的形式和抽象的形式美，既有联系又有区别。一方面，形式美总是从各个具体的美的形式中概括出来的共同法则；另一方面，形式美又总是渗透在各个具体的美的形式之中，通过它们体现出来。形式美与美的形式的关系，是一般与个别、抽象与具体、普遍与特殊的关系。

二、形式美的构成

形式美的构成需要一定的自然物质因素作为其存在和被人感知的基础。构成形式美的自然物质基础的要素是色彩、形体和声音。

1. 色彩

色彩是人们认识事物的重要依据，也是获取形式美必不可缺的要素。比起形状来，色彩的审美意味更浓，更普遍，更复杂，更具有独立的审美价值。色彩美又是人们最易感受（除非色盲）而无须其他条件限制的一种美，所以马克思说："色彩的感觉是一般美感中最大众化的形式。"美学家阿恩海姆说："那落日的余晖以及地中海的碧蓝色彩所传达的表情，恐怕是任何确定的形状也望尘莫及的。"

色彩是构成形式美和获取形式美的重要因素。它的基本特性主要有三点：表情性、象征性、审美意味的复杂性。

色彩就其物理性能看，是波长不同的光。阳光通过三棱镜折射呈现出红、橙、黄、绿、青、蓝、紫七色光谱，揭示了光与色关联的奥秘。按光波长短，大自然中的色彩不计其数，正常人的视觉能接受 400 ~ 760 nm 的光波，它虽然只占整个光波的不到 1/70，但仅此就能使人辨别出 200 万 ~ 800 万种不同的色彩。

不同波长的色彩，其光信息作用于人的视觉器官，通过视觉神经传入大脑后，经过思维与以往的记忆及经验产生联想，从而形成一系列的色彩心理反应，即色彩的"视觉—心理"感觉。从心理学角度看，色彩可以有冷暖、远近、轻重、虚实、厚薄、大小之分。

（1）色彩的冷、暖感。色彩本身并无冷暖的温度差别，色彩的冷、暖感是由人的视觉心理引起的对冷暖感觉的心理联想。

（2）色彩的轻、重感。这主要与色彩的明度有关。明度高的色彩使人联想到轻柔、飘浮、上升、敏捷、灵活等感觉；明度低则产生沉重、稳定、降落等感觉。

（3）色彩的软、硬感。主要也来自色彩的明度，但与纯度也有一定的关系。明度越高感觉越软，明度越低则感觉越硬。色相与色彩的软、硬感几乎无关。

（4）色彩的前、后感。不同波长的色彩在人眼视网膜上的成像有前后，长光波的色感觉比较逼近，短光波的色在同样距离内感觉比较后退。这是一种视错觉的现象。

（5）色彩的大、小感。由于色彩有前后的感觉，因而暖色、高明度色等有扩大、膨胀感，冷色、低明度色等有显小、收缩感。

（6）色彩的华丽、质朴感。色彩的三要素对华丽及质朴感都有影响，其中纯度关系最大。明度高、纯度高的色彩，丰富、强对比色彩感觉华丽、辉煌。明度低、纯度低的色彩，单纯、弱对比的色彩感觉质朴、古雅。但无论是什么色彩，如果带上光泽，都能获得华丽的效果。

（7）色彩的活泼、庄重感。暖色、高纯度色、丰富多彩色、强对比色感觉跳跃、活泼有朝气，冷色、低纯度色、低明度色感觉庄重、严肃。

（8）色彩的兴奋与沉静感。其影响最明显的是色相。红、橙、黄等鲜艳而明亮的色彩给人以兴奋感，蓝、蓝绿、蓝紫等色使人感到沉着、平静。绿和紫为中性色，没有这种感觉。纯度的关系也很大，高纯度的色彩给人以兴奋感，低纯度的色彩给人以沉静感。最后是明度，暖色系中高明度、高纯度的色彩给人以兴奋感，低明度、低纯度的色彩给人以沉静感。

下面分析九种基本色彩的"物理—心理"特点及象征意义：

1）红色。红色的波长最长，穿透力强，感知度高。它易使人联想起太阳、火焰、热血、花卉等，有温暖、兴奋、活泼、热情、积极、希望、忠诚、健康、充实、饱满、幸福等向上的倾向，但有时也被认为是幼稚、原始、暴力、危险、卑俗的象征。红色历来是我国传统的喜庆色彩。深红及带紫色的红给人感觉是庄严、稳重而又热情的色彩，常见于欢迎贵宾的场合。含白的高明度粉红色，则有柔美、甜蜜、梦幻、愉快、幸福、温雅的感觉，几乎成为女性的专用色彩。

2）橙色。橙与红同属暖色，具有红与黄之间的色性，它使人联想起火焰、灯光、霞光、水果等物象，是最温暖、响亮的色彩，令人感觉活泼、华丽、辉煌、跃动、炽热、温情、甜蜜、愉快、幸福，但也有疑惑、嫉妒、伪诈等消极倾向性。

含灰的橙色、咖啡色，含白的浅橙色，俗称血牙色，与橙色本身都是服装中常用的甜美色彩，也是众多消费者特别是妇女、儿童、青年喜爱的服装色彩。

3）黄色。黄色是所有色相中明度最高的色彩，具有轻快、光辉、透明、活泼、光明、辉煌、希望、功名、健康等印象。但黄色过于明亮而显得刺眼，并且与其他颜色相混易失去其原貌，故也有轻薄、不稳定、变化无常、冷淡等含义。含白的淡黄色感觉平和、温柔，含大量淡灰的米色或白色则是很好的休闲自然色，深黄色另有一种高贵、庄严感。由于黄色极易使人想起许多水果的表皮，因此它能引起富有酸性的食欲感。黄色还被用作安全色，因为极易被人发现，如室外作业的工作服。

4）绿色。在大自然中，除了天空和江河、海洋，绿色所占的面积最大，草、叶几乎到处可见，它象征生命、青春、和平、安详、新鲜等。绿色最适应人眼的注视，有消除疲劳、调节功能。黄绿带给人们春天的气息，颇受儿童及年轻人的欢迎。蓝绿、深绿是海洋、森林的色彩，有着深远、稳重、沉着、睿智等含义。含灰的绿如土绿、橄榄绿、咸菜绿、墨绿等色彩，给人以成熟、老练、深沉的感觉，是人们广泛选用及军、警规定的服色。

5）青蓝色。与红、橙色相反，是典型的寒色，表示沉静、冷淡、理智、高深、透明等含义，随着人类对太空事业的不断开发，它又有了象征高科技的强烈现代感。浅蓝色系明朗而富有青春的朝气，为年轻人所钟爱，但也有不够成熟的感觉。深蓝色系沉着、稳定，为中年人普遍喜爱的色彩。其中略带暖昧的青色，充满着动人的深邃魅力，藏青则给人以大度、庄重的印象。靛蓝在民间广泛应用，似乎成了民族特色的象征。当然，蓝色也有其另一面的性格，如刻板、冷漠、悲哀、恐惧等。

6）紫色。具有神秘、高贵、优美、庄重、奢华的气质，有时也感觉孤寂、消极。尤其是较暗或含深灰的紫，易给人以不祥、腐朽、死亡的印象。但含浅灰的红紫或蓝紫色，却有着类似太空、宇宙色彩的幽雅、神秘的时代感，在现代生活中广泛采用。

7）黑色。黑色为无色相、无纯度之色，往往给人感觉沉静、神秘、严肃、庄重、含蓄，另外，也易让人产生悲哀、恐怖、不祥、沉默、消亡、罪恶等消极印象。尽管如此，黑色的组合适应性极广，无论什么色彩，特别是鲜艳的纯色与其相配，都能取得赏心悦目的良好效果。但是不能大面积使用，否则不但其魅力大大减弱，相反会产生压抑、阴沉的恐怖感。

8）白色。白色给人感觉洁净、光明、纯真、清白、朴素、卫生、恬静等。在它的衬托下，其他色彩会显得更鲜丽、更明朗。多用白色还可能产生平淡无味的单调、空虚之感。

9）灰色。灰色是中性色，其突出的性格为柔和、细致、平稳、朴素、大方，它不像黑色与白色那样会明显影响其他色彩。因此，作为背景色彩非常理想。任何色彩都可以和灰色相混合，略有色相感的灰色能给人以高雅、细腻、含蓄、稳重、精致、文明而有素养的感觉。当然滥用灰色也易暴露其乏味、寂寞、忧郁、无激情、无兴趣的一面。

色彩能迅速激起人的情感，影响人的心理。色彩的直观性、丰富性使它的感情意味和象征内涵格外复杂，各种社会因素（如民族的、阶级的、时代的、艺术流派的）及个人的审美差异都会对色彩美产生影响，构成对色彩美的巨大分歧。

（9）色彩的积极性和消极性。积极的色彩如黄、红黄、黄红，含有一种积极的、有生命力的和努力进取的态度；消极的色彩如蓝、红蓝、蓝红，则表现一种不安的情绪。

这种区分虽然未必科学，但确实指出了色彩的矛盾性和多面性。比如白色既可象征纯洁、素净、宁静，又可意味肃穆、恐怖、悲哀，故而西方人把它当作喜庆婚纱，东方人却当作死亡丧服，"白衣天使"同"白色恐怖"一样流行。美学家阿恩海姆认为，白色本身就有二重性："一方面，它是一种最圆满状态，是丰富多彩、形态各异的各种色彩加在一起之后，而得到的统一体；另一方面，它本身又缺乏色彩，从而也是缺乏生活多样性的表现；它既具有那些尚未进入生活的天真无邪的儿童所具有的纯洁性，又具有生命已经结束的死亡者的虚无性。"色彩美的个性差异更为明显，不同性格的人对色彩往往各有所爱。据说活跃、豪放、富有同情心的人喜欢红色，深沉冷静的人喜欢蓝色；轻浮的人多喜欢米黄色；古板的人多喜欢青色。西方许多油画家都有自己偏爱的颜色，并成为构成他们独特画风的重要因素。例如，荷兰的画家梵高喜欢用黄色作为基色，意大利画家缇香被人称作"金色的缇香"，荷兰的伦勃朗偏爱金褐色，意大利画家韦提奈司被称为"银色的韦提奈司"。

2. 形体

形体是物体存在的空间形式，是构成形式美的重要因素。形体的基本特性包括：构成的层次性，线条的重要性，审美意味的丰富性。

形体是物体存在的空间形式，是形式美中最直观的因素，所以，它最早引起美学家的注意。毕达哥拉斯派认为："一切立体图形中最美的是球形，一切平面图形中最美的是圆形。"亚里士多德说："美要依靠体积与安排。"博克把美的事物的特征归为"小、光滑、逐渐变化、不露棱角等"。

形体主要由线、面、体组成。线是点移动的轨迹，是构成物体形状的基本因素。阿恩海姆认为线条"实际上是对于人们所知觉到的形状最直接和最具体的再现"。线条具有独立的审美意味，比如直线显示坚硬，横线显示平实，斜线显示有力，折线显示生硬，曲线显示流畅。倘若细分，垂直线给人以高耸感、严肃感，水平线给人以稳定感、安宁感，折线则包含着骚乱感、危机感。线条的这种审美意味广泛体现于现实生活中许多美的领域，尤其在艺术创造中，它们发挥了巨大的作用。例如在建筑艺术中，线条成为建筑风格的主要因素。朱光潜说："建筑风格的变化是以线为中心。希腊式建筑多用直线，罗马式建筑多用弧线，哥特式建筑多用相交成尖角的斜线，这是最显著的例子。"再如，我国古代的书画艺术几乎都靠线条的功能，绘画上享有盛誉的所谓"吴带当风""曹衣出水"，就是指吴道子、曹仲达画人物衣服的线条时，空灵飘通，笔法纯熟，富有立体的动感。我国独有的书法艺术可算是纯粹的线的艺术。书法美首先通过字体的线条表现出来，包括线条的造型、流动、力度、节律、弹性等。

面是线的扩大，当线带有一定的宽度后，就扩大为面，比如长方形就是直线的平行扩大。此外，线的围绕也能构成面，它往往构成物的轮廓，在形体中更为醒目，因而所包含的审美意味也更易为人感知。比如正三角形给人以稳定感，倒三角形给人以危机感，正方形有刚直方正感，圆形有周密封闭感等。我国古代传统的太极图首尾相衔、互相连贯、彼此包容，给人以周而复始、循环往复的无尽感。

面的组合由二维平面变为三维立体，构成长方体、立方体、球体、圆锥体等。体的审美属性同面近似，现实中的物体虽然大多由体构成，但作用于人视觉的形象却多以面出现，如绘画、摄影中的景物。王维歌咏边塞景象的诗句"大漠孤烟直，长河落日圆"，若用线面表现，上句正是一平一直两条直线，下句则是曲线和圆圈。在人的视觉上构成几何形的形式美。不过，一个体的构成往往包含着许多种面，例如一座立体纪念碑，其上部、下部、正面、侧面就可能分别由长方形、圆形、三角形、梯形等面组成。所以，体给人的美感比面更加丰富深刻。

3. 声音

（1）声音及其特性。声音也是构成形式美的自然物质因素，是表情性最强的情感符号。它的基本特性是声音的类别性和审美意味的情感性。

声音同色彩相似，从物理属性看，它是由物体振动所引起的一种声波，只是人类难以看到，故有人称其为"不要空间的物质"。人类听觉所能感受的是每秒振动 20 ~ 2000 次之间的声波，超出这个范围就成为人听不到的超声波了。决定声音的因素主要是声波的振幅、频率和波形。振幅是声波振动的大小，它决定声音的强弱；频率为声波的周期，它决定声音的高低，频率越高，声音越亮；波形由声波的振荡和频率组成，它决定声音的音色，不同乐器发出的不同音色就取决于波形的差别。

声音包括现实世界发出的一切音响，庄子所谓"天籁""地籁""人籁"，万籁有声。自然界的风雨声、鸟鸣声、流水声，乃至人的吼叫声、吟诵声都包括在内，只不过并非所有声音都具有审美价值。在中国古代，声、音、乐三者是有区分的；凡音之起，由人心生也。人心之动，物使之然也。感于物而动，故形于声。声相应，故生变，变成方，谓之音。比音而乐之，及干戚羽族，谓之乐。凡音者，生于人心者也。乐者，通伦理者也。是故知声而不知音者，禽兽者也。知音而不知乐者，众庶是也。唯君子为能知乐。

可见，声为世界的一切原始之声；音则为人所独有，是人表达思想感情的一种普通的审美方式；而乐是经过艺术加工创造的专门艺术。所以，属于形式美范畴的声音通常是指那些能激发人愉悦情感的声响。

（2）声音美的特点。作为形式美之一的声音美，同作为艺术美的音乐美关系最为密切，音乐美是建立在声音美的基础上的。由于音乐美具有抽象性，它在更大程度上依赖于声音之美，故而声音的形式美在音乐艺术中得到了最突出的体现。

同形状、色彩相比，人们对声音美的接受和反应最灵敏、最快速。当一支活泼优美的乐曲奏起，顿时会感到轻松愉快；而一听哀乐之声，心情立刻会感到沉重。从人的生理、心理机制来看，对形状、色彩的情感直觉都有一个缓冲过程，对不喜爱的形状、色彩（例如一些丑陋的环境）尚有一定的容忍性，而对声音的好恶反应却立竿见影，刺耳的噪声简直令人一分钟也难以忍耐。所以，声音不但对人的审美活动具有重大意义，而且对促进人的身心健康、美化生活环境、提高劳动效率都有一定作用。

一般来说，高音显得激昂亢奋，低音则较深沉凝重；强音坚定有力、富鼓动性，弱音柔和细腻、富抒情性；纯音优美纯正、悦耳动听，噪声繁杂吵闹、令人不快。

古希腊人对音调的感情色彩早有注意，他们认为 E 调安定，D 调热情，C 调和缓，B 调哀怨，A 调发扬，G 调浮躁，F 调淫荡。我国《乐记》指出："是故其哀心感者，其声礁以杀；其乐心感者，其声啴以缓；其喜心感者，其声发以散；其怒心感者，其声粗以厉；其散心感者，其声直以廉；其爱心感者，其声和以索。"同色彩相比，声音美更具有普遍性、大众性，个性差异较小。

三、形式美的组合规律

色、形、音这些形式美的自然因素根据一定的结构原则加以组合，就构成了形式美的组合规律。形式美的组合规律主要包括整齐划一、对称均衡、比例匀称、节奏韵律、多样统一。

这当中，整齐划一、对称均衡、比例匀称（包括黄金分割）和节奏韵律都比较容易理解，在日常的审美实践中比较好应用。关于多样统一这一形式美的基本法则，要特别注意它是具有差异的各个部分彼此形成协调关系的状况，它最完美、最理想的表现形式是和谐，而它的基本形态是对比与调和。

1. 整齐划一

是指各种自然因素按照相同的方式组合形成量的关系，并且重复一致，而无明显的差异和对立，从而构成最简单的一种形式美。

2. 对称均衡

对称是指事物的外在形式和内在质量都以一条线为中轴，形成左右两侧均等的状态。它是体现事物各部分之间关系组合最普遍的法则。均衡指物体中心的两面或多面呈现出外在形式不同而内在质量大致均等的状态，是对称的一种变态。

3. 比例匀称

比例指事物形式因素部分与整体、部分与部分之间恰当的数量关系，匀称则指一个事物之间各个部分比例恰当的状态。

4. 节奏韵律

节奏是形式美的普遍法则，指事物在运动过程中呈现的相同因素有规律的、重复的连续形式。韵律是节奏的深化，指由节奏有规律变化、重复而产生的一种情调。

5. 多样统一

是具有差异的各个部分彼此形成协调关系的状况，它最完美、最理想的表现形式是和谐。多样统一的基本形态是对比与调和。调和是在差异中趋"同"，是把两种或多种相近或相似因素互相联系，形成变化不太显著的统一；对比是在差异中倾向于"异"，把美的事物中有明显差异的因素组合在一起，在互相映衬中更加突出各自特点。调和与对比都要在统一中有变化，在变化中求统一，才能表现出多样统一的和谐美。

四、形式美的发展与现代派

艺术形式美的规律并不是凝固不变的，而是不断发展变化的。这里，仅以艺术的形式为例，来探寻其发展变化的轨迹。

古典艺术大多恪守形式美的规律，从质料的形、色、声的精美到组合原则的对称、均衡、比例、对比等都能体现出和谐统一的美。古希腊的雕塑、中世纪的建筑、文艺复兴时期的绘画都是较为典范的例证。像维纳斯优美的S形体态，巴黎圣母院处处运用黄金分割比例的哥特式建筑，拉斐尔色彩绚丽、构图均衡的圣母像，乃至宫廷妇女雍容华贵的服饰，无不反映出形式美的特征。尤其是古希腊艺术更为突出。莱辛曾指出："在古希腊人来看，美是造型艺术的最高法律。"东方的古典艺术也相当注重形式美规律，我国古代的绘画、雕塑、诗词、音乐，乃至生活中的建筑、服饰等都具有一种庄重、和谐、文雅的古典美。为了形式美而形式化的情况也时有所见，比如我国传统戏曲中的哭和笑，都带有音乐化色彩，表现痛苦时脸部表情仍须保持优美；乞丐的破衣也以丝绸织出有规则的补丁等，至于许多虚拟性的程式化动作，更多着力于考虑形式美的需要。

艺术发展到近代，形式美规律开始有所变化。在西方，浪漫主义的主情、重幻想和现实主义的求真、重现实，都对古典主义崇尚理想化的和谐美有了不同程度的突破。浪漫主义音乐出现不稳定、不和谐音程；浪漫主义诗歌不拘传统的格律、节奏，采用以抒情为主的新的自由体；雕塑中故意采用粗糙、有斑痕的质料，塑造出外形丑陋的形象，如罗丹的《欧米哀尔》；现实主义绘画和文学逼真地描摹现实中的苦难、阴暗和丑恶，如戈雅的《1808 年 5 月 3 日夜枪杀起义者》、狄更斯的《双城记》等，形式的美完全服从于内容的需求，包含了形式丑的因素。这使形式美更多体现出统一中的对立性，趋向于内容突破形式的崇高美。在我国近代的绘画、诗歌中，如八大山人愤世嫉俗的写意画，"五四"时代呼号呐喊式的自由诗等领域内也出现了类似的情况。

值得提出的是现代艺术中缺陷美的出现。所谓"缺陷美"，是指那种孤立看是缺陷、是丑，整体看是长处、是美，是介于美与丑之间的一种特殊的美。缺陷美在人体方面的表现大致有两种：一种是可见的、形体上的，比如美人脸上的黑痣，过胖或过瘦的身材等；另一种是可感的、性格气质上的，比如史湘云的"憨"、香菱的"呆"等。前一种缺陷美就同形式美有关，它实际上是突破了形式美常规，在无关大局的情况下所做的某些局部变动。倘若这种变动"缺陷"是巧妙的、恰当的，那么不但可以突出个性，显示本色，衬托全局之美，还可以反拙为巧，达到老子所说的"大巧若拙"的境界。比如美人脸上的黑痣长在适当部位就可以增添独特的风韵。缺陷美在艺术上也时常可见，例如我国传统艺术中的篆刻故意追求"残缺"、不规整，绘画中专门纳入荒山古寺、残荷败叶，书法作品中保留涂改墨迹，盆景造型着意于拙朴原始，根雕艺术对树根疤痕瑕疵的巧妙利用等都是有意体现缺陷美的艺术效应。当然，缺陷美只是对形式美局部的调整，从总体上说，它们仍然遵守形式美的规律。真正对形式美规律进行大胆否定的是西方现代派艺术。

总的来看，现代派艺术对待形式与形式美走上了两个极端：一个极端是过分强调形式与形式美，完全否定形式与内容的联系，陷入形式主义歧途。比如，奥地利音乐理论家汉斯力克明确提出，音乐美"是一种不依附，不需要外来内容的美"。他说："音乐没有传达思想信念的能力。我们把音乐的美基本上放在形式中。"印象主义画家则宣称："光就是绘画的主人公。"被称为现代绘画之父的塞尚说："对于画家来说，只有色彩是真实的。"而俄国抽象主义画家康定斯基认为，抽象绘画"是比有物象的更广阔、更自由、更富内容。画里面一个点说出来的，比人的脸更丰富"。这种美学观在俄国形式主义学派中达到登峰造极的地步。现代派艺术的另一极端，是否定传统的形式与形式美，标新立异，创造出怪诞、扭曲、变形等新形式。比如在形体方面，现代派喜爱"旋转的圆圈、椭圆形、螺旋形"，"颤抖的、顺从的、无定的曲线""硬直、不动摇的直线"

和"激动的、充满张力的一切尖角形"。未来派画家为了表现物体连续不断的所谓"运动感"，就可以画出一个有几个身躯和许多条腿的女人，如塞尚的《走下楼梯的裸体者》，完全失去了人物的基本姿态。野兽派画家常用强烈的色彩、夸张变形的形体、粗野的线条去表现自己的感觉，如马蒂斯的《舞蹈》。现代派音乐也打破了古典音乐讲究和谐悦耳的格调，采用了异于寻常的音乐语言。奥地利作曲家勋伯格首先运用尖锐的不谐和和弦、急剧变化的旋律，由一个极端向另一极端的力度变化等手法，削弱了调型结构和节奏构造。20世纪40年代末出现的电子音乐则完全排除了常规乐器和常规音响。70年代初产生的"最低限度音乐""概念音乐"等几乎完全摒弃了音乐的基本要素，用最少的声音甚至没有声音，鼓吹让人看、让人想的音乐，无异于音乐的消亡。

现代派艺术在突破传统的形式美方面最常用的手法是抽象。它主要体现在造型艺术领域。抽象既不是现实物象的再现，也不含有明确的象征喻义，主要通过一些线条、色彩和几何图形等来造型。康定斯基把它称为"元物象的表达形式"。但它仍然具有像的时空属性和感性外观。西方现代派的抽象艺术主要分为两类：一类用于抽象形式主义，它朝形式化方向发展，还比较注意外在的形式规律和结构力学的要求，称为"客观抽象""冷抽象"或"半抽象"。例如荷兰的马德里安常以方形或长方形为结构，填入许多原色的几何形体。另一类属于抽象表现主义，它完全排斥一切具象，只在线条色彩中表现出一定的主观情感倾向，称为"主观抽象""热抽象"或"纯抽象"。例如动力画派代表波洛克作画时把画布铺在地上，手提颜料画布飞跑，并不停地泼洒颜料，以表现情感的"最大限度的自由"。

现代派艺术热衷于抽象，同其表现的艺术观相关。他们反对再现，主张把艺术作为发泄艺术家经验、情感的表现，把艺术创作的重心由客体转向主体，转向艺术家心灵深处的幻觉、灵感和潜意识。马蒂斯称绘画要"服务于表现艺术家内心的幻象"。他们认为艺术模仿现实，只能把人的注意力引向艺术所再现的对象，而忽略了艺术品本身，提出所谓"非再现性""非客观的""非传统的"。苏珊·朗格认为艺术表现情感的形式和人的生命活动形式有着内在联系，艺术即"人类情感符号形式的创造"。

现代派艺术所热衷的抽象自然并非一无可取。它在艺术创新方面有一定的积极意义。首先，它可以超脱真实物象的约束，听任艺术家想象力的驰骋，按照自己的美学观自由地塑造形象，可以更充分地发挥艺术家的个性才气，创造出独特的艺术风格。其次，抽象艺术又给人们留下了广阔的想象空间，更加耐人寻味，它那朦胧的、模糊的艺术意图可以任凭欣赏者自由地猜测、想象，并从中获得巨大的乐趣。法国象征派诗人马拉美曾认为"诗永远应当是个谜"。他说："指出对象无疑是把诗的乐趣四去其三，诗写出来原本就是叫人一点一点地去猜想，这就是暗示，即梦幻。"马拉美的这番话，用来说明诗歌的特征固然片面，用来阐述抽象艺术的魅力倒不乏合理之处。从某种角度看，抽象艺术确实像个谜，近似于梦幻，它只给人一点暗示，引起人的理性思考。

最后，抽象艺术大多具有一定形式上的创新。由于它排除了对实物的再现，形式因素几乎成了艺术的内容，也成了艺术表现的主体，所以，抽象艺术家大多重视形式的物质性能和形式美规律的突破，注意通过线条、色彩、空间和运动来表现情感，从而使他们作品中的抽象形式大多成为"有意味的形式"，给人以多层次的美感。例如美国色域绘画代表斯太拉的《奎瑟拉巴》，打破了绘画与雕塑的界限，在二度平面上显现出三度空间的魅力。以瓦萨尔利为代表的光效应艺术则利用几何图像和线条的张力，依靠光度和色彩排列，产生出带有各种运动幻觉的光色效果，称为"活动艺术"。抽象艺术的这些审美价值使它不仅形成了现代派艺术的重要流派，也成为现代艺术常用的手法。现在在城市的建筑雕塑、宾馆的绘画装饰、商品的包装设计上，处处可以看到抽象艺术，它同人类的关系越来越密切了。

现代派艺术的标新立异，对传统的艺术美、形式美既是一种猛烈的冲击，也是一种改造、革新，在促进艺术发展上有着积极意义，而且它同现代社会的科技发展、生活节律、审美趣味都有和谐接轨的一面，所以它的风行并非偶然。当然，它的消极影响也不容忽视。它对传统美的过分否定，对艺术常规的背弃，产生了许多怪诞、畸形、毫无审美价值的丑陋作品（如把小便器当雕塑，用驴尾巴作画之类），是十足的艺术堕落。

五、形式美的特征

1. 形式美的特性

与美的形式不同，形式美是从各个具体的美的形式中抽象出来的共同的美，其特性在于抽象性、相对独立性、装饰性和符号性。

（1）抽象性。指个别的美的形式中能抽取出某种富有美感的共同形式特征。

（2）相对独立性。是指形式美具有不受内容制约的自由特性。

（3）装饰性。是指形式美具有装点和修饰事物外观的特性。

（4）符号性。是指形式美具有审美符号特性。这一点在艺术中体现得尤为鲜明。

2. 形式美的普遍基础和社会历史根源

应该了解宇宙同一性是形成形式美及人对形式美产生美感的普遍基础。而形式美的生成，则是在人类漫长的符号实践中逐渐形成的。它在人类符号实践活动中产生，并因为符号实践而培养了对形式美的感受能力及审美经验，同时自身也经历了抽象化和独立化的过程。

六、形式美的运用

形式美的法则是人类在创造美的形式、美的过程中对美的形式规律的经验总结和抽象概括，主要包括对称均衡、单纯齐一、调和对比及比例、节奏韵律和多样统一。形式美的法则在美的创造中的意义有：

第一，研究、探索形式美的法则，能够培养人们对形式美的敏感，指导人们更好地去创造美的事物。

第二，掌握形式美的法则，能够使人们更自觉地运用形式美的法则表现美的内容，达到美的形式与美的内容高度统一。

运用形式美的法则应注意：

第一，运用形式美的法则进行创造时，首先要透彻领会不同形式美的法则的特定表现功能和审美意义，明确欲求的形式效果，之后需要正确选择适用的形式法则，从而构成适合需要的形式美。

第二，形式美的法则不是一成不变的，随着美的事物的发展，形式美的法则也在不断发展，因此，在美的创造中，既要遵循形式美的法则，又不能犯教条主义的错误，生搬硬套某一种形式美法则，而要根据内容的不同，灵活运用形式美法则，在形式美中体现创造性的特点。

探讨形式美的法则，是所有设计学科共通的课题，那么，它的意义何在呢？在日常生活中，美是每一个人追求的精神享受。当人们接触任何一件有存在价值的事物时，它必定具备合乎逻辑的内容和形式。在现实生活中，由于人们所处的经济地位、文化素质、思想习俗、生活理想、价值观念等不同而具有不同的审美观念。然而单从形式条件来评价某一事物或某一视觉形象时，对于美或丑的感觉在大多数人中间存在着一种基本相通的共识。

在西方自古希腊时代就有一些学者与艺术家提出了美的形式法则的理论，时至今日,形式美法则已经成为现代设计的理论基础知识。在设计构图的实践上，它更具有重要性。

形式美法则主要有以下几条：

1. 和谐

宇宙万物，尽管形态千变万化，但都各按照一定的规律而存在。大到日月运行、星球活动，小到原子结构的组成和运动，都有各自的规律。爱因斯坦指出：宇宙本身就是和谐的。和谐的广义解释是：判断两种以上的要素或部分与部分的相互关系时，各部分给人们的感受和意识是一种整体协调的关系。和谐的狭义解释是：统一与对比两者之间不是乏味单调或杂乱无章。单独的一种颜色、单独的一根线条无所谓和谐，几种要素具有基本的共通性和融合性才称为和谐。比如一组协调的色块、一些排列有序的近似图形等。和谐的组合也保持部分的差异性，但当差异性表现强烈和显著时，和谐的格局就向对比的格局转化。

2. 重心

重心在物理学上是指物体内部各部分所受重力的合力的作用点，对一般物体求重心的常用方法是：用线悬挂物体，平衡时重心一定在悬挂线或悬挂线的延长线上，然后握悬挂线的另一点，平衡后重心也必定在新悬挂线或新悬挂线的延长线上，前后两线的交点即为物体的重心位置。在平面构图中，任何形体的重心位置都和视觉的安定有紧密关系。人的视觉安定与造型的形式美的关系比较复杂，人的视线接触画面，视线常常迅速由左上角到左下角，再通过中心部分至右上角经右下角，然后回到以画面最吸引视线的中心视圈停留下来，这个中心点就是视觉的重心。但画面轮廓的变化、图形的聚散、色彩或明暗的分布等都可对视觉重心产生影响。因此，画面重心的处理是平面构图探讨的一个重要的方面。在平面广告设计中，一幅广告所要表达的主题或重要的内容信息往往不应偏离视觉重心太远。

3. 联想与意境

平面构图的画面通过视觉传达而产生联想，达到某种意境。联想是思维的延伸，它由一种事物延伸到另外一种事物上。例如图形的色彩：红色使人感到温暖、热情、喜庆等；绿色则使人联想到大自然、生命、春天，从而使人产生平静感、生机感、春意等。各种视觉形象及其要素都会产生不同的联想与意境，由此而产生的图形的象征意义作为一种视觉语义的表达方法被广泛地运用在平面设计构图中。

随着科技文化的发展，对美的形式法则的认识将不断深化。形式美法则不是僵死的教条，要灵活体会、灵活运用。

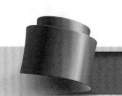

第3节

化妆与美学

一、化妆概论

1. 化妆的概念

化妆是指用化妆品、材料和技术等手段，把人的容貌进行改变，来装扮自己或帮助他人改变容貌及适应某种特殊要求的手段。它包括生活美容化妆、电影电视化妆及舞台演出化妆。这些不同类型的化妆，由于各有不同的目的和要求，因而有着不同的技术方法。

（1）生活美容化妆。生活美容化妆是美化生活中的个人的，会近距离观赏，所以要求在真实、细致的基础上略加夸张，扬长避短，增添神采，但并不要求大幅度改变自己原来的面貌。由于有时照明条件不同，妆色的浓淡也有差别。一般在白天自然光和荧光灯下需要淡些，称为日妆；晚间的钨丝灯和荧光灯的照明下需要浓些，装饰性强些，称为晚妆。

（2）电影电视化妆。以剧本中的人物为依据，结合戏剧中的典型环境和历史情况，运用化妆手段来帮助演员表现人物的典型外部特征，这里包含了利用材料改变演员本人的容貌。

（3）舞台演出化妆。根据舞台上演员扮演的角色，以及舞台演出的灯光等特定条件，运用化妆手段帮助演员表现角色。

2. 化妆的目的、意义及使用范围

（1）社会交往的需要。由于妇女地位和生活方式的改变，社会交际的频繁，女性通过正确的化妆，以适当的服饰、发型及良好的修养、优雅的谈吐来体现个人魅力。

（2）职业活动的需要。在职业活动中通过化妆以共性的美的容貌、文雅的举止、展现在公众面前。

（3）特殊职业的需要。演员、模特等根据工作的原因或角色的不同，以舞台表演、影视广告的需要来塑造人物。

3. 基本原理

（1）突出优点。研究五官，体现个人优点。

（2）掩饰缺点。利用衬托产生视差，以淡化、削弱、不吸引注意力。

（3）弥补不足。不是很明显的缺点，运用色彩、线条等手段加以掩盖。

（4）整体协调。要强调整体效果，注重和谐一致，无论是基面化妆还是各部位的化妆，都要力求妆面统一、相互配合、左右对称、衔接自然、色彩协调、风格情调一致，同时还要考虑发型、服装、服饰与化妆的关系，从而获得完美的整体效果。

（5）因人因时因地而异。化妆时要客观地分析每个人的五官，根据每个人的面部结构、皮肤颜色、皮肤性质、年龄气质等，还要根据不同的时间、场合、条件、地区气候及社会潮流、社会时尚而定。

二、化妆美学

化妆是审美文化的一个组成部分，只有在认识美、知道美、了解美后，才能对化妆有很大的帮助。现代的审美标准出现了更为广泛的趋势，人们越来越能够欣赏不同风格的美，化妆师要做的就是对于审美的标准加以不断地扩充和完善，加入时代的气息，这样才更适应所生活的时代，使人们产生共鸣。

1. 美的标准

美容化妆是在人的客观条件基础上的美化，将美的部分给予充分的展示，不足的部分加以修饰。只有符合比例的才是和谐的美，常听人们用"五官端正"等一些词语来形容人。面部美的规律特点如下：

（1）皮肤。细腻柔软，无瑕疵，面部红润有光泽。

（2）脸型。以椭圆形脸为标准。特征为以上额发际线呈圆弧形，下颌呈尖圆形，颧骨部分最宽，面颊饱满呈弧形，脸的长宽比例为 4：3。

（3）五官比例。美学家用黄金分割法分析人的五官比例分布，以"三庭五眼"为修饰的标准，是对人的面部长宽比例进行测量的方法，如比例失调，那么人的五官布局就会显得松散或紧凑，缺乏美感。三庭指脸的长度比例，把脸的长度分为三个等份，从前额发迹线至眉头，眉头至鼻尖，鼻尖至下颏尖，各占比例的1/3。五眼指脸的宽度比例，以眼形的长度为单位，把脸的宽度分为五个等份，从右侧发迹至左侧发迹，为五只眼形。两只眼睛之间是一只眼睛的间距,两眼外侧至侧发迹各为一只眼睛的间距,各占 1/5 比例。

2. 五官的标准形

(1)眉毛。眉头起始于与内眼角相垂直的部位。眉峰位于眉头至眉梢 2/3 的部位。眉尾位于鼻翼外侧至外眼角的延长线上。

(2)眼睛。即眼睛的轮廓,由内外眼角、上下眼睑、睫毛组成。

(3)上眼睑。内外眼角呈水平线,上眼睑弧度大,弧度的最高点在中间部分,睫毛浓密而长。

(4)下眼睑。内眼角略低于外眼角,弧度较小,弧度的最低点位于距外眼角的 1/3 处,睫毛少而短。

(5)鼻子。鼻子位于面部的中庭,是整个面部最突起的部位。鼻梁由鼻根向鼻尖逐渐高起,鼻梁直而挺拔,鼻尖圆润秀气,鼻翼的宽度是两个内眼角向下的垂直线之间的宽度。

(6)唇。唇肌坚实柔软有弹性,嘴裂的宽度是当两眼平视正前方时,两瞳孔的内侧缘向下的垂直线之间的宽度。上唇角略短于下唇角,上唇略薄,下唇比上唇略厚。

3. 头面部的基本特征

(1)内轮廓线。在眉峰处拉一条垂直线,这条线称为内轮廓线。

(2)内轮廓。两条内轮廓线之间的距离称为内轮廓。

(3)外轮廓线。在脸部最靠边缘处拉一条垂直线,这条线称为外轮廓线。

(4)外轮廓。内轮廓线至外轮廓线之间的距离称为外轮廓。

(5)头骨与面形。人的头部从整体上看,是六面的长方体。

第 5 章

发型基础知识

发型与化妆的关系

一、发型塑造原理

在远古时代（见图 5—1），人类为了生存，会通过在身上刻画一些文身来对付野兽。因为头发过长，为了便于生活和生产，所以运用石头的边缘把头发砍断，任其自然垂落。一系列的对于自身的改变也就形成了最早的发型和化妆，因此在那个时代发型和化妆还处于一个为了方便生活的目的而使用的技术。

图 5—1　原始部落人的发型

头发的形态即发型伴随着人类从出生到逝去，随着历史的发展和时代的转变也逐渐发生着变化，社会的进步不停地改变着头发的长短和打造手法。

新石器时代，人们开始掌握了工具的制作和使用，出现了梳子。人类从散发过渡到挽发。到了夏商周时期，人们从开始的单纯为了生产和生活转变为对于形象有了一些要求，统治阶级愈加注重自身的仪容，而发式及其装饰尤为显著，统治阶级完善了一整套的冠服制度。随后春秋战国、秦汉时期发式及饰品造型开始日益讲究，隋唐时期也进入了封建社会的发式造型及妆容搭配的鼎盛时期。历朝历代因为经济发展繁荣程度的变化使发式造型发展都有不同的变化和进步。一直到民国初年，随着西洋文化的流入，发型发饰朝着明快、简洁的方向发展，发展到新中国成立时期，由于经济落后，就有了停止趋势。20 世纪 70 年代到 80 年代是我国发型发展的快速阶段，发型塑造再次被放在了大众面前。

二、发型工具介绍及使用

"工欲善其事必先利其器"。想要做好发型，专业的工具是必不可少的。在了解了发型塑造原理的基础上，根据其物理特性和配合其本身的链键结构，可总结国内外发型塑造的工具如下：

1. 梳子类

（1）梳发梳子（见图 5—2）。一般此类梳子多用于梳通头发和发型师修剪发型用。梳子有疏密齿之分，可根据发型需要去选取。梳齿密集的梳理出来的头发表面纹理更统一和平顺，反之梳齿宽的梳理出来的纹理强些。

（2）尖尾梳（见图 5—3）。作为造型师常用工具之一，其主要的功能是分区分线梳理头发和倒梳之用，因为梳子齿有区别，造型区域也会有改变。统一长度的一般用作梳理同一平面位置头发之用，长短齿在有交错感的造型上会更加方便。

（3）排骨梳（见图 5—4）。一般用在短发吹风造型中，主要吹表面光泽和发尾的角度。

（4）九排梳（见图 5—5）。吹头发的圆润弧度时常用，也主要用作头发中部和尾部的方向及线条处理。

（5）板梳（见图 5—6）。梳理发型波纹和长发打理时常用，对长发的吹直好些。

（6）鬃毛梳（见图 5—7）。基于其材质特性，多用于打造表面光顺质感。

（7）鲍鱼梳（见图 5—8）。用作梳理头发和大面积的倒梳打毛，也是一种多用途的梳子。

（8）滚梳（见图 5—9）。造型常用梳子，分为全猪鬃和猪鬃与纤维针混合两种材质。滚梳还有斜纹直纹之分，直纹的梳子主要在吹头发时使头发变得蓬松饱满，斜纹的梳子主要是适合烫发后的波浪造型。

图 5—2 梳发梳子

图 5—3 尖尾梳

图 5—4 排骨梳

图 5—5 九排梳

图 5—6 板梳

图 5—7　鬃毛梳　　　　　　　图 5—8　鲍鱼梳　　　　　　　图 5—9　滚梳

2. 发夹类

（1）平头发夹（见图 5—10）。主要用于头发的固定，因为夹子头是平的，所以注意不要太过用力扎到人的头皮。

（2）圆头发夹（见图 5—11）。开口夹子，可以快速固定头发，更加方便操作。

（3）钢夹（见图 5—12）。作用和平头发夹一样，还可以固定头纱类物品，因为质地坚硬，所以更紧点。

（4）U 形发夹（见图 5—13）。主要用作大面积头发的固定，不会有太大的拉扯力度，所以更多用作定位造型。

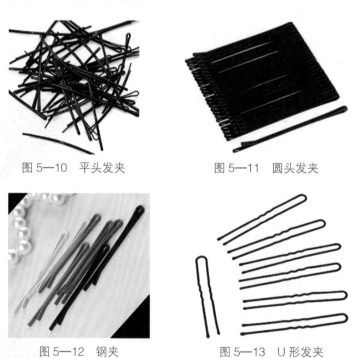

图 5—10　平头发夹　　　　　　　　　图 5—11　圆头发夹

图 5—12　钢夹　　　　　　　　　图 5—13　U 形发夹

3. 扎发类

（1）小皮筋。主要作用是绑住细小的发束或尽可能不明显地绑住发辫。

（2）橡胶皮筋。可以固定更粗一些的发束和发辫，弹性好，但不够紧。

（3）缠线皮筋。比橡胶皮筋的捆绑性更好些，但是因为会相对粗些，看着比较明显，所以在做不遮盖的头发时用得相对较少。

（4）马尾绳（马尾线）。比缠线皮筋有更大能力的捆绑性，因为良好的延展性和稳定性在做更紧致的发型时应用更多。

4. 电热工具类

（1）电卷棒（见图 5—14）。电卷棒因为其大小和形状分成了很多种类，但是不变的是原理和基本使用方法，其呈现的形状由 C 和 S 的卷度或累加卷度构成各种的弯曲形状，方便在造型设计中添加更多曲线元素。

（2）直板夹（见图 5—15）。一般用于把头发拉直和带顺滑，有光泽度，也可以用物理力量和转动方式制造卷度，还可以在造型产品后做巩固定型。

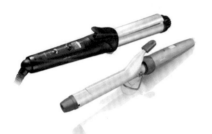

图 5—14　电卷棒

图 5—15　直板夹

（3）浪板夹（见图 5—16）。主要是为了使头发产生小的卷曲形状制造大的发量，包括使头发更加有韧性，方便打造更多样的形状和轮廓。

（4）吹风机（见图 5—17）。最多用于吹干头发，温度的调控适用于不同发质及头发状况，还可以配合其他梳子类工具制造不同的变化，例如蓬松、顺滑、卷曲、棱角等，塑造原理更多是在头发的物理性上体现。

图 5—16　浪板夹

图 5—17　吹风机

三、假发的认识及使用范围

戴假发可以起到修饰外貌的作用，变换发型简单方便，节省时间；可以省去在发廊做发型、漂染头发的费用，减少开支；假发可随意换发型，避免经常去理发店做发型对发质的伤害；可以尝试多种不同发型设计，搭配不同时装，因此戴假发日益受到人们的青睐。

1. 假发的分类

（1）按材料分。分为真人发和化纤丝。

1）真人发。真人发做的假发是选用经过处理的，由真人头发制作而成，其逼真度高，不易打结，可以焗、染、烫，方便变换发型，价格较高，定型效果并不是太好。目前市场上使用最多的是中国发、印度发、欧洲发。

①中国发。中国发是目前制作假发原材料用量最大的头发。中国人口多，发质比较硬，过酸处理后能漂染，装饰到头上能再做造型。在美国和欧洲比较受欢迎。

②印度发。印度发发质较软，发质没有中国发直，有小波浪卷，头发化工处理后容易断裂，可塑性不强。

③欧洲发。欧洲发的颜色比较接近当地的消费市场，目前是价格最贵的原料。欧洲发的发质较软，不适合漂染和后处理，直接用于接发的比较多。

2）化纤丝。化纤丝的假发是用化纤制成，逼真度差，佩戴后有痒的感觉，容易与头皮起反应。不过价钱便宜，定型效果持久。

①高温丝。高温丝能在200℃以下保持不变形，用于制作款式的造型。

②低温丝。又称常温丝，不能吹、拉、烫、卷，是常用于人发发帘的一种填充物。

③AD丝。又称卡丝，它是一种阻燃丝，即使把它点着，也会在几秒内自动熄灭，这种材料只能承受80℃以下的温度。

④高温阻燃丝。性能比AD丝还好，价格较贵，消费率很低。

⑤PP丝。这是化纤材料中做假发最差的材料，像动漫假发、节日假发、演出假发等都是这种材料做成的，价格便宜。

⑥蛋白丝。这是最接近人类头发的原料，手感最接近人发，常用在高档的假发产品中做填充物，而且能在燃烧后自动阻燃。

（2）按用途分。分为工艺发条、男士发块、女装假发、教习头、化纤发等。

（3）按面积分。分为假发套和假发片。假发套是整个戴在头上的假发，佩戴方便牢固，覆盖面积大，适用情况广。假发片可以按照不同的需要定做成不同形状、不同大小的假发片，随意性强，逼真度极高，透气性好。

（4）按制作方法分。分为机织发和手勾发。机织发是机器做出来的。一般批量生产，价格低廉，但是真实性并不理想，较沉，透气性差，容易使毛囊受阻，容易打结。手勾发是纯手工勾制而成，逼真度高、透气性好、佩戴舒适，但是价格比较高。

（5）按工艺分。分为全手织、全机制发套、半机制发套、全蕾丝发套、犹太假发、前蕾丝发套、发块、蕾丝假发。

（6）按使用对象分。分为真人佩戴、模特用假发、娃娃发、动漫假发、节日假发、角色扮演用发。

（7）按性别分。分为男士假发、女士假发。

（8）按长短分。分为长发、中长发、短发。

2. 假发应用

（1）假发制作。当前假发多用于戏剧演员的角色发式。制造假发前要做一个模。先把演员本身的头发弄平，以胶膜或胶带从头顶至颈部包起来，然后在胶膜上画出演员的发线。把胶膜脱下后，放在一个与演员头部大小相若、以棉花填塞的模型头上面，继续包上胶膜直至变硬，就制成一个模。依照需要的造型做头套，头套以网状的材料制成，前端部分要用较柔软、幼细且不易被观众察觉的蕾丝网制造。再选取适当材质、颜色的毛发，以一个钩形工具把发丝从不同角度穿上头套打结。之后塑造所需的发型，如以卷发筒或针卷器把假发烫曲、编成辫子等。整个工序需时 24 ~ 40 h，一个普通的假发约重 230 g，但某些特定角色的假发会较重，如埃及艳后的长假发就以两个普通的假发制成，17 世纪角色所用的假发也会较大和重。定做的假发要于正式演出前两星期完成后，再给演员试戴，演员彩排时也会戴着，以测试是否舒适、是否影响演出。如发觉有问题，就交给假发匠修改至合适为止。演出后不用的假发要洗净，然后翻转放于不透气的胶袋内储存，并加上标示剧目、角色、制造者及大小等资料的标签。若假发干燥或头套破损，发丝会剪下来制作另一个假发或假胡子。

（2）中国假发应用。中国很早就出现了假发，早期是上层社会女性的饰物，用来加在原有的头发上，令头发更浓密，做出较为复杂的发髻。《诗经·鄘风·君子偕老》提到一种假发称"副"，又提到"不屑髢也"。"髢"就是局部假发或发丝编成的假髻。《诗经·召南·采蘩》就称假发编成的髻为"被"，是髲的通假字。《周礼》中把假发细分为多种，"副"取义于"覆"，是一种有饰假发；"编"则属于一种无饰假发；"次"是一种用假发与自己真发合编起来的髻。后来这些名称都被"髲"和"鬄"所替代了，"髲"指用人发制成的假发，"鬄"则泛指假发。西周的王后、君夫人等上层社会贵族妇女，在参加祭祀等重大活动时，都要佩戴副、编、次等首饰。王后的假髻更由专门的宫廷官员"追师"负责掌管。

春秋时假发盛行，《左传·哀公十七年》记载卫庄公在城墙上看到戎州人己氏的妻子头发甚美，就命人把她的头发强行剃掉，制成假发给自己的夫人吕姜作为装饰，称为"吕姜髢"。当时男性也会戴假发，《庄子·天地》提到有虞氏（舜）用假发遮盖秃头。虽然《庄子》关于舜的内容属传说，但可见当时男子也会使用假发。汉朝依据《周礼》制定了发型与发饰。比如皇太后仍以假髻来承载多种沉重而复杂的头饰，后来演变成沉重的凤冠。宫中对假发的需求大，为了找人发做假发，有些官吏甚至强行砍下人头取发。《太平御览》引《林邑记》提到朱崖（也作珠崖，今海南岛）人多长发，当地郡守贪婪残暴，把妇女的头割下来取她们的头发制造假发，《三国志·吴书·薛综传》也有记载薛综提及汉朝发生的这件事。可见假发在当时被视为珍宝。由于真发所制的假发得来不易，当时开始出现以黑色丝线制成的假发，湖南长沙马王堆一号汉墓就有实物出土。三国时妇女也常用假髻，曹魏时规定为命妇的首饰，《文献通考》记载其中一种假髻称为"大手髻"，是贵人、夫人以下命妇的首饰。

晋朝时，假发、假髻在宫廷、贵族和民间都很流行，由于人们睡觉时会把假发、假髻取下放在木或竹制造的笼子上，看起来像人头，因此又称假头。《晋书·舆服志》记载当时各级命妇戴一种镶有金饰称为"蔽髻"的假髻。太元年间，公主、贵族、士大夫阶层的妇女均把佩戴假发当作盛妆，时称"缓鬓轻髻"，也就是松髻，成为流行时尚（见图5—18）。但假发并非人人买得起，《晋书》就记载有些贫穷但爱美的女子会向别人借假髻佩戴，称为"借头"，自称"无头"。也有些穷人把自己的头发卖掉来换钱或换粮食，如陶侃的母亲就曾剪下自己的头发卖给做假发的人，换得数斛米，再把柱子砍了做柴火，给来投宿的范逵做饭。《世说新语·贤媛》也记载了这件事，后世引为美谈，也是成语"陶母邀宾"的典故。

北齐假髻的形式向奇异化的方向发展，《北齐书·幼主记》就描述当时妇女的假髻出现了飞、危、邪、偏等样式。当时假发甚至完全取代头上生长的头发，《集异记》就记载当时宫廷中有些爱美的妇女剃掉自己的头发而戴假发，后来流

图 5—18　东晋顾恺之《女史箴图》

行至民间。到了唐朝，假发仍然很流行，《新唐书·五行志》提到杨贵妃平时就喜欢戴假髻，当时称为"义髻"。但也有人认为杨贵妃所戴的义髻是以其他物料如木头等制造的发饰，并不是假发。元稹《追昔游》写道："义梳丛髻舞曹婆。""丛髻"就是装上的假发。柳宗元也在《朗州员外司户薛君妻崔氏墓志》赞美崔氏"髲髢峨峨"，当时的假发当偏重于高髻式。

宋朝仍然流行高髻，且比唐朝有过之而无不及。假发、假髻很盛行，一些繁华的大都市里有了专门生产、销售假髻的店铺。当时有些店铺以未经消毒的死人头发制成假髻出售，令佩戴者染病，且假髻盛行形成豪侈之风。《宋史·志·舆服》载端拱二年（989年）北宋朝廷就下诏禁止妇女戴假髻、梳高髻，但风气已形成，即使下诏也改变不大。

元朝时汉族妇女开始使用一种叫鬏髻的假髻，是用别人剪下来的头发或丝线编成髻状而成，用时戴于头上，鬏髻在元、明、清三代一直有人使用。元朝王实甫的杂剧《西厢记》第四本第一折就提到崔莺莺的"鬏髻儿歪"（见图 5—19）。当时也常有穷人卖头发做假发。元末剧作家高明的杂剧《琵琶记》就有赵五娘为安葬公婆被迫卖掉头发。明朝西周生的《醒世姻缘传》也提及妇女戴尖头鬏髻。除了鬏髻外，明朝妇女普遍使用的假髻样式还有发鼓，是以假发覆盖一个金属丝编成的圆框制成。

清朝开始出现的鬏髻样式很多，当时的京城有专门制作和销售鬏髻的作坊及店铺。清初的扬州就有蝴蝶、望月、花篮、折项、罗汉、懒梳头、双飞燕、倒枕、八面观音等鬏髻样式。清朝吴敬梓在《儒林外史》就写范进之妻胡氏常戴银丝假髻。当时妇女不但在平时会戴黑色的鬏髻，连居丧时也会戴白色的鬏髻。清朝中叶，西方人又把西方的假发带到中国，雍正帝也曾佩戴西式假发。清末一些人去日本留学，他们的辫发被日本人取笑为"豚尾"（猪尾），很多留学生因此剪掉辫子，回国就套上假辫，像鲁

图 5—19　《西厢记》王叔晖

迅去了日本留学就剪辫，半年后回国就套上假辫，与父母安排给他的妻子朱安拜堂成婚。沈宁的《百世门风》也提到装假辫的现象，那种假辫要盘在头顶，团团围成假团辫才不会掉下来，于是当时义和团看到打团辫的人就抓，如果查到是假团辫就捉进巡抚衙门严刑拷打，然后送入狱或把他们杀头。苏雪林在《辛亥革命前后的我》一文也提到她的二叔去日本留学，在当地"断发改装"，回国后就装了一条假辫。

中华民国成立后，发型转趋简便，少用假发、假髻。但 1917 年张勋复辟时，北京城内剪去辫子的百姓四处寻觅假辫，之后一直到中华人民共和国成立都甚少看到汉族人在日常生活中使用假发了。少数民族则有一些有戴假发的习惯，当时的永宁纳西族妇女会用牦牛尾巴上的毛编成粗大的假辫，盘于头顶，再在假辫之外缠上一大圈蓝、黑两色丝线，后垂至腰部。

（3）西方假发应用。在欧洲假发是从古埃及传来的。古希腊、古罗马人认为秃头的人是受到了上天的惩罚，把秃子视为罪人。头发稀疏或秃顶的军官会被一些希腊领地的长官拒绝安排工作。罗马人甚至曾经打算让议会通过"秃子法令"，禁止秃顶男子竞选议员，秃顶的奴隶也只能卖到半价。秃子为了免受歧视，就戴假发遮住这个瑕疵。假发进一步得到了普及，在罗马帝国时期，欧洲很多人使用假发，就连皇帝也戴着假发，战争时敌方军民的头发常作为战利品进贡宫廷。一些贵族也会把奴隶的头发剃去做假发。当时的习俗是已婚妇女要遮盖头发，一些贫穷的已婚妇女就卖掉自己的头发换钱。有些贫农也会把自己的头发束起结成发辫，长到足够的长度就剪下卖给假发市场。

罗马帝国衰亡后的 1000 年内，欧洲受罗马天主教会影响，把假发视为魔鬼的假面具，认为戴假发会阻碍上帝的祝福进入心灵。当时教徒如果戴假发，有可能会被逐出教会，692 年在君士坦丁堡教堂就有几个教徒因为戴假发而被革出了教门，因此这段时期欧洲人甚少使用假发。

直至 16 世纪因为英国女王伊丽莎白一世佩戴红假发，假发才再度流行，被用作遮盖脱发或美化外表的饰品。当时恶劣的卫生环境令人们容易长头虱，有些人就把头发剃掉，戴上假发，因此假发在古代欧洲除了装饰性之外，还有实用的功能。但假发的复兴主要还是因为王室成员喜爱。17 世纪男性戴罗马式假发的领军人则是法国国王路易十三，他为了遮盖头上的伤疤而戴假发，近臣为了讨好他，也纷纷戴起了假发。继承他王位的儿子路易十四也因为头发稀疏而戴假发，于是臣民们纷纷仿效。那时候的假发套有 45 种之多，就连满头浓发的人也喜欢赶这个时髦。后来假发就成了伟大君主政体时代的象征。

英王查理二世流亡法国一段时间后，在 1660 年回国重新执政时，就把这种男装假发传入英语系国家。这种长度及肩或稍长于肩的假发成为 17 世纪 20 年代以来欧洲男子的时尚，不久后流行于英国的法庭。伦敦日记作家塞缪尔·佩皮斯就写下了他在 1665 年某天被理发师剃去头发后第一次戴假发的事，当年黑死病爆发，他感到戴假发很不舒服："1665 年 9 月 3 日，起床后穿上我的黑色丝质西装，很好，还有买了好一阵子但不敢戴的新假发，因为我是在暴发瘟疫的西敏买的，我在想瘟疫之后，人们怕假发是从死于疫症的人头上取来的头发制造的，怕被传染就没人敢买假发。"假发在 17 世纪几乎成为男性必需的服饰，并且几近代表社会地位，假发匠因而受到尊敬。1665 年第一个假发匠工会在法国成立，之后欧洲其他国家也纷纷成立类似的工会。17 世纪的假发异常精细，因此制造假发也是一门技术。当时的假发覆盖肩、背，垂至下巴，故此非常重且佩戴起来不舒服。这种假发的制造成本高昂，尤其是以真发制造的最为昂贵，以马毛或山羊毛制造的则较为便宜。

18 世纪的假发常会加上粉末，使它们呈白色或斑白的样子（见图 5—20）。假发粉以加入橙花、薰衣草或鸢尾花根香味的淀粉制成，有时会加上紫蓝、蓝、粉红、黄等颜色，但最常见的是白色。加粉的假发直至 18 世纪末都是一些需要穿着隆重的重大场合的必需品。加粉的假发容易掉粉且难以打理，于是又出现了一些以白色

图 5—20 18 世纪的假发

或斑白马毛制成的假发作为日常法庭服饰之用。18 世纪 80 年代起，年轻男性流行加粉末在自己生长出来的头发上，18 世纪 90 年代后，假发和发粉都是年纪较大、较保守的男性使用，女性则会在出庭时使用。英国政府从 1795 年起每年向发粉征税一基尼，此税项令假发和发粉的时尚于 19 世纪初消退。在 18 世纪中后期，法国凡尔赛宫中的女性兴起佩戴大而精巧、受人注目的假发（如一式一样的 "舟形假发"）。这些假发非常重，包含发蜡、发粉及其他装饰品。华丽的假发在 18 世纪末成为法国贵族阶层颓废堕落的象征，促使了法国大革命的发生。

19 世纪的假发变得较小和庄重，法国不再以假发代表社会地位，英国则仍然维持了一段时间。一些专业人员也把假发作为所穿服装的一部分，并成为某些法律体系的传统，也是很多英联邦国家和地区的惯例。直至 1823 年，英国圣公会和爱尔兰圣公会的主教在宗教仪式时佩戴假发。大律师所戴的假发是 18 世纪末流行的式样，法官在平日审讯时配合法庭服饰所戴的假发与大律师所戴的短假发相似，但他们和御用大律师参加重大仪式时会戴全罩式假发。

女装假发的发展历程与男装假发不同，在 18 世纪才开始普及，初期以在自己的真发上加上小绺假发为主，19 世纪至 20 世纪初都不流行全头式的假发，多是脱发的老妇佩戴。

18 世纪至 20 世纪初，欧洲有不少穷人卖头发去做假发。1911 年的《大英百科全书》中说，贫穷落后的巴尔干地区的农村少女往往把头发剪下来卖钱，而法国南部的农村少女培植并销售头发也很常见。女作家凯瑟琳·黑尔就曾经剪掉头发卖钱交学费。当时欧洲也有些制造假发的人发来自美国。美国内战时有一位叫迪莉娅的女子给媒体写信，敦促所有 12 岁以上属于南部联邦的女性支持者把长发卖给欧洲，以还清南部联邦的债务。美国作家露依莎·奥尔柯特的小说《小妇人》中也有一段写玛区家二女乔卖掉心爱长发的情节。

古埃及人则在 4000 多年前就开始用假发，也是世界上最早使用假发的民族，古王国起第三至第六王朝，常见到男女都佩戴以羊毛混合人发制成的假发。假发的长度、样式因社会地位与时代而异。中王国时期起不论贫富、地位、性别，都把头发与胡子剃光，戴上假发、假胡子，只会在居丧时才任由头发生长，否则会被耻笑。对于这个现象，古希腊历史学家希罗多德认为古埃及人觉得光着头让太阳晒会令头颅变硬，但这并没有科学根据，且无法解释戴假发的习惯。后来又有人认为古埃及人爱干净，头发、胡子容易藏污纳垢，于是把头发、胡子剃去，戴上防止头部被阳光晒伤的假发，但有人质疑戴假发代替真发也不见得比留下毛发干净。虽然古埃及除贱民外任何人都可以戴假发，但不同阶层的人所戴假发的样式有严格规定，不能僭越。赵立行在《古埃及的智慧》一书中就提出这个观点，他认为古埃及人戴假发是为了区别贵贱、等级，并塑造法老的光辉形象，具有政治目的和社会意义。除了假头发外，法老、男性贵族和官员还有假胡子，是身份和权力的象征。

古埃及的假发（见图5—21）主要有卷曲和辫子两种款式，由于古希腊的神话中，众神都有黄金血肉和青金石的头发，因此贵族的假发常染成蓝色。一般而言，女性的假发款式较为自然，男性的假发则较花哨复杂。古王国时期的假发长度为耳下到触肩，当时还没有剃去头发的习惯，只是留短发再加上假发，或把假发以驳发的方式加在真发上。王族或贵族妇女会把长假发束成三条辫子。中王国时期后，女性假发由头顶沿着面部垂直落在肩膀上，偶尔会有一小绺发丝卷成螺旋形。男性则一直维持在触肩长度或较短，以小鬈发塑造，呈小三角或正方形，额前横向剪裁，或修成弧形，戴上时露出小部分前额，完全覆盖双耳及颈背部。贱民则以素面头皮覆头。新王国埃及人较喜欢以数条长流苏点缀假发的尾部，其中阿马纳年代比较流行简短的假发。

此外还有款式繁多的假发，适合在特别场合作为头饰之用。古埃及女性在出席节庆场合时，会在华丽的假发上配上芬芳的锥形饰物，饰物内的香膏会随着时间逐渐融化，渗入假发中散发出阵阵幽香。有些假发还会加上枣椰树纤维制成的垫，令假发更丰盈。除了生前会用假发，古埃及人也会以假发陪葬，他们认为去另一个世界往生时也需要佩戴假发，考古学家也在不少古墓里找到陪葬用的假发。假发的材质有从人头上剪下来的真发、羊毛或植物纤维，如稻草、枣椰树纤维等材料。其中以真发制造的为最高级，也最为昂贵。中等价钱的用真发与植物纤维混合。廉价的全部以植物纤维制成。假发、驳发有些以编织方法及花结接驳真发，有些则以蜜蜡、树脂或蜂蜡将假发直接固定在头皮上，也有像戴帽子那样用带子系上。由于古埃及人重视假发，会把不佩戴的假发放在特制的盒子里收藏，置于储物架或箱内，经常将花瓣、肉桂木屑、香膏等洒在假发上，使假发薰上香气。此外，假发制造业在当时也是一门受人敬仰的行业，也是可供女性从事的工作种类之一。考古学家就发现了当地不少假发工场的遗迹（见图5—22）。

图 5—21　古埃及的假发

图 5—22　古埃及浅浮雕

朝鲜半岛在高丽王朝时开始盛行戴假髻，忠烈王下令高丽全国穿蒙古服、留蒙古发髻（编发）。后来朝鲜太祖李成桂建立朝鲜王朝（李氏朝鲜），采用"男降女不降"政策，男性恢复汉制，女性则"蒙汉并行"，后来发展成"加髢"样式（见图5—23）。至纯祖时有妇女因加髢过重折断颈项致死，宫中才撤销已婚王族妇女及女官必须佩戴加髢的规定，从此加髢只在婚服、宫廷礼服（常服不佩加髢）、妓生服饰中佩戴。明成皇后佩戴加髢画像在李氏朝鲜的前期至中期，已婚妇女、妓生、高级女官（尚宫）均会戴上加髢。宫廷女性和命妇礼服、女官制服的加髢也是牒纸，从加髢的样式可以区别等级。加髢是身份、财富的象征，有钱人、贵族妇女和妓生的加髢可以很大，后来宫中发展出一种叫"举头美"的木头假髻，于重大日子加在加髢上。后来妇女的加髢越来越大，形成奢侈之风，之后更有妇女因加髢过重折断颈项致死。朝鲜英祖曾下令减少宫中加髢每个所用的假发，又与群臣商议以花冠代替加髢，但未有共识。之后他采纳儒生宋德相禁髢发的建议，下令禁士族妇女使用加髢，改戴称为簇头里的小花冠。英祖三十三年宫中及士族妇女正式禁用加髢，只容许平民和贱民女性戴加髢。后来已婚妇女就改为只把辫子盘成发髻并插上发簪而不戴加髢。妓生则仍然流行佩戴加髢。到后期，官员妻子、王族妇女穿着圆衫（一种小礼服）时或在一些正式场合戴加髢。

假发在日本有悠久的历史，据说日本的原始歌舞中，人们就已经用草与花卉的梗和蔓做头上的装饰（见图5—24）。《古事记》与《日本书纪》就有提及素盏鸣尊求取天照大神的发髻、"鬘"和八阪琼之五百个御统，虽然《古事记》和《日本书纪》的内容含有不少神话传说成分，未必符合史实，但依照这两部书的

图5—23　电影《黄真伊》

图5—24　日本浮世绘

成书年代看，日本上层社会普遍使用假发应不会晚于奈良时代。日本人早期很少在演戏以外戴假发，后来在一般场合也有人戴假发了，多为女性。她们所戴的假发往往是用自己头上剪下的头发编织而成的，在自己的婚礼上也会戴上这种源自自身的假发，之后日本古代女性在平时也常使用假发、假髻来梳成传统发型。这类加在原有头发上面的局部假发称为"髢"。歌川国芳笔下制造假发的女子律令制规定官位六位以下的女性服制要佩戴"义髻"。平安时代女性的垂发也会用假发补上。后来演变成结发、垂发两方面的使用，当结发的时候使用髢根元部分即"根髢"及为鬓补上造成蓑状的"鬓蓑"等，宫廷女性的大垂发也会加上假发作为后垂的部分，称为"长髢"，前部的平额也会使用向前垂下的"丸髢"。昭和以后，常梳日本传统发型的人减少，也就减少了使用假发，通常只会在梳传统发型的时候使用，例如神社的巫女。此外，一些希望头发更浓密的女性也会使用假发。

（4）戏曲假发。中国戏曲中，假发是"行头"（戏服、道具的统称）中"头面"（头部饰物）的一部分，属于"软头面"之一，种类很多，优伶都会佩戴假发演出。这些假发有用真发制的，也有用氂牛毛、粗丝线、纱等制成。男角（包括生、净、末、丑）的假发有全顶（将整个头部全包住）、半顶（头顶齐耳往后部分），半顶假发外剩下的部分称为"头片"，指两鬓和美人尖的发片，靠脸颊的地方会用黄胶加以粘贴，靠头顶的地方则用发夹或簪固定。不同角色也有不同的假发。有时也会配上不同样式的假发头套，例如在表现穷困、潦倒时会配上散发。另有甩发、鬏发、孩儿发等。甩发又称水发，用来表现角色慌张、焦虑、惊惶、绝望甚至疯狂等各种情绪，又可以表示不同的形象，如披头散发、衣冠不整、丢盔卸甲、蓬头垢面等。伶人演出时经常将长发连续甩动，以展现人物受刺激而挣扎的身体反应，故有"甩发"之名，除了造型之外，也是一种特殊的舞蹈工具，伶人要运用头部和颈部的功夫配合特定的翻滚技巧舞弄甩发以刻画情绪，称为"甩发功"。

扮演中年和老年的男子会戴上称为"髯口"的假胡子，髯口的形状、颜色也代表了角色的身份、性格等，也可以用拨弄髯口的动作来表达情绪，称为"髯口功"。旦角有一种叫"大头"的假发，会用到一种分成一绺绺、称为"片子"的假发，贴上前要用束发带把本身的头发束起，把片子蘸刨花水梳平，沿着束发带贴，一端呈椭圆形的几片用作刘海，尾端尖削的两片置于两鬓，脸宽的向内贴，脸小的向外贴，可以把脸型修饰成瓜子脸。梳好后再于发束边缘插上钿等饰物，又会配上以真发或其他物料的发丝编成的假髻（通常为高髻），再插上簪、钗、珠花、顶花、步摇等头饰（见图5—25）。假发的种类和用法会因各种地方戏曲及剧目、行当、角色不同而略有差异，但基本造型是大同小异的。伶人需要按照剧情发展使用合适的假发。从前行

图 5—25　《牡丹亭》旦角的假发

"衣、盔、杂、把"四衣箱制，假发和髯口不用时会放在一个叫杂箱的衣箱内。改为"六大箱"后，生角的假发和髯口放在叫"盔头箱"的衣箱内，旦角的假发则存放在一个叫"梳头桌"的衣箱内，由兼任为旦角打片子、化妆、梳头的技术人员"梳头桌师傅"整理。

日本能剧演员需要戴上面具（能面）演出，假发是与能面配套使用的。假发可以分为两种，一种是把毛发固定在演员头上梳成所需的发型，另一种是制成头套套上。假发的类型可分为"鬘""尉髪""垂发""蓬头"四大类。有些能剧用的假发重达 4 kg（见图 5—26）。"鬘"类的假发中最具代表性的是扮演女角用的"鬘"，把假发用梳固定在头上，从中间分缝，盖住耳朵，拢到脑后结成发髻，再用鬘带缠裹额头至脑后，鬘带的两端自背后垂下。能剧五类戏中别称"鬘能"的"三番目能"，是以女性为主角，内容多是叙述平安时代一个美女的故事，男演员扮演美女时就要佩戴这种假发。除此之外，鬘类还有用于老年女角的"姥鬘"、用于喝食角色的"喝食鬘"、长发等。其余三大类假发也各有特点。"尉髪"以黄白色的马尾毛制造，把假发固定在演员头上，然后拢到头顶，结成一个扁

图 5—26　日本能剧的假发

长的发髻盖住头顶,用于老翁角色。"垂发"类有两种,一种是用于老年男性的"白垂",另一种是用于男神、女神或修罗能后场主角的"黑垂"。垂发类假发要与冠帽、巾配套使用,因为垂发的头顶部分没有假发,将结有黑色假发的圆套套在头上,然后戴上冠帽、巾即可。"蓬头"类是一种参差不齐、浓密厚重的假发,用长马尾毛制成,有三种不同颜色。"黑头"用于男性亡魂、妖怪、童子等角色,"赤头"用于凶神、龙王、鬼等角色,"白头"用于老龙王、老人幽魂等角色。使用时把蓬头套在头上即可。

歌舞伎所用的假发样式更加多样,有 100 多种,其中男角用假发有 60 多种,女角用假发有 40 多种。这些假发很重,最重的可达 5 kg,轻的也有 2 kg 左右。演员戴上假发前都会戴上一顶白帽,把头发包进去。假发的使用也是根据人物的性别、年龄、身份、性格、职业等来确定的。常见的假发有以下几种。"车鬓"是英雄、武士角色所用的,贴上脸的两侧一绺绺向外弯,五绺的称为"五本车鬓",七绺的称为"七本车鬓",是扮演武家女房时用,上面插上一笄。"吹轮"是贵族妇女角色用的假发,为插上花、梳等饰物的大发髻。"王子"用于公家谋反者一类的奸角,后垂长发。"燕手"也常用于反派角色,因为额两端的发向外飞出,状如燕子翅膀而得名,头顶有一髷。此外还有病人用的"病钵卷"、威武角色用的"乱发"等多种。

西方传统戏剧歌剧的演员在演出时都会使用假发,一如其他传统戏剧,歌剧用的假发样式也是依照角色的身份、性别、性格、职业、时代背景等而不同,例如男主角、女主角、反派、坏女孩等角色会有不同样式的假发。歌剧用假发是依照演员的头形定做的,因此由不同的演员演出同一剧目的同一角色,使用的假发也会不同,较次要或陪衬角色则可能会用现成的假发。有些演员会为自己演出的角色定做假发,演出时自备。歌剧每次演出都要使用大量假发,角色越多,使用的假发也越多。例如美国纽约大都会歌剧团于 2002—2003 年度演出的《特洛伊人》,就需要订制 250 顶假发(见图 5—27)。由于使用假发数量多,一些规模较大的歌剧团还有专门负责制造假发的人员和部门,储存的假发数量可达到 5 000 ~ 6 000 顶。

图 5—27　《特洛伊人》剧照

第 2 节

发型简史

一、中国古代发型简史

远古的旧石器时代，人类还过着极为简陋的穴居生活，由于没有发明锐利的器具，所以当时的人类都留着长发，任其自然生长，十分零乱。出于劳动和生活的方便，人类把长长的头发用石头砸断、变短，保持自然垂落状态（见图5—28）。

新石器时期，人类掌握了生产工具的制作和使用。距今5000年前的仰韶文化时期，人们出于劳动时较为方便的需要，将一贯的披发过渡到了挽髻。以后又出于交际和审美的需要，开始懂得了梳理头发。近年从山东墓葬中出土的象牙梳（见图5—29）等文物就是历史的佐证。

图5—28 北京猿人

图5—29 山东莒县墓葬出土的象牙梳

自夏、商起至西周时期，统治阶级已经完善了一整套的冠服制度。从一个侧面反映了人类社会的政治、经济、文化的水平。统治阶级愈加注重自身的仪容，而发式及其装饰尤为显著。河南安阳殷墟出土玉人，塑造了结发至顶、脑后垂辫的商代人物；洛阳金村出土的弄雀青铜女孩则梳理着分垂两边的双辫；还有安阳殷墟出土的玉人（见图5—30），蓄长发，并将发梢拧在一起后盘至头顶，再戴上帽箍。这是当时具有代表性的、较为流行的一种发式妆饰，且商代以后的部分史料也反映出当时流行的帽箍已经出现了装饰品和装饰纹样。这就足以说明其不仅具有实用性，而且带有强烈的装饰性，并进一步侧重于装饰性，成为一种发式装饰品。

图5—30　安阳殷墟妇好墓出土的玉人

春秋战国时期，诸子兴起，百家争鸣，社会思潮趋于活跃，衣冠服饰也呈百花齐放之态。春秋战国时期流传至今的有玉雕人形所展示的垂髻。湖南长沙陈山大队楚墓（见图5—31）中出土的帛画就描绘了梳椎髻的楚国妇人。

秦汉时期，各类发式及其装饰日趋讲究。先秦这一时期经历了中国历史上奴隶制的形成、发展，直至逐步走向衰退、瓦解的全部过程。人类发式在这一时期，已经从原始时期的披头散发，逐步演变到梳辫、挽髻的阶段。发式的

图5—31　长沙楚墓出土的《人物龙凤图》

妆饰品也随即出现。目前所能见到的众多出土文物中所显示的资料（见图5—32、图5—33）足以说明这一切。

魏晋、南北朝，是中国历史上前后达369年之久的动荡时期，连年战乱，经济、文化及人民生活都遭到很大的破坏。自东汉末年起，各路豪强频繁征战，最终形成了魏、蜀、吴三国鼎立的局面，进而由司马氏建立了统一的晋朝。然而，只经历了一个短暂的"太康之治"又陷入了诸王混战及北方少数民族割据的局势。晋灭之后，就形成了南北对峙的形势。从历史的角度来看，这是南方社会经济发展和北方各族人民大融合的时期。由于连年的天灾人祸，老百姓贫病交加。大批北方人背井离乡向南方迁

徙。与此同时，成千上万的少数民族入主中原，与当地广大的汉族相互杂居，增加了各民族之间相互交融的机会。南北文化的交流，不同民族风俗的融合，促使这一时期的民风与民俗发生了极大的变化；与此同时，人们的发式妆饰也发生了很大的变化（见图5—34）。

 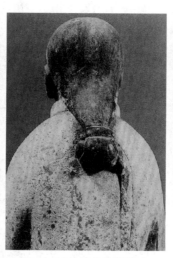 

图5—32　秦俑　　　　　图5—33　湖北江陵出土　　图5—34　北朝花辫垂挂髻
　　　　　　　　　　　　　汉代木俑　　　　　　　　左衽长裙女陶俑

　　魏晋南北朝时，以往随军的军妓逐步流向民间。这些人对自己的仪容专事修饰，发式妆饰极尽奢侈，传统的审美观念受到挑战，由质朴而趋于豪华，由自然而趋于雕琢，对当时的社会风气产生了很大的影响。发式造型崇尚高与大，"太之中公主妇女，必缓鬓倾髻以为盛饰，用发既多，不可恒戴，乃先于木及笼上装之，名曰假髻，或曰假头。至于贫家不能自办，自号无头，就人借头"。《晋书·五行志》详细记载了为达到发式造型高与大的目的，而不惜借用假髻、假头甚至借头，其形式同今天在戏剧化妆中使用的假头套相类似，只是外观上比假头套高大得多。其中的"蔽髻"是最富于代表性的一种假髻，髻上镶有诸多饰件，在宫中还以饰件的数目多寡来区分宫女的尊卑，且规定非命妇不得使用佩饰。与此同时，受各种不同文化及习俗相互交融的影响，发式及妆饰多种多样，无奇不有。杂记中曾记录：魏有灵蛇髻、反绾髻、百花髻、芙蓉归云髻、涵烟髻；晋有缬子髻、坠马髻、流苏髻、蛾眉惊鹄髻、芙蓉髻；宋有飞天髻；梁有回心髻、归真髻；陈有凌云髻、随云髻；北族室韦有叉手髻；北齐有偏髻等。

　　灵蛇髻：《采兰杂志》载："甄后既入魏宫，宫廷有一绿蛇……每日后梳妆，则盘结一髻形于后前，后异之，因效而为髻，巧夺天工，故后髻每日不同，号为灵蛇髻（见图5—35），宫人拟之，十不得一二也。"因蛇的形与神给创作者以

化妆师 Makeup artist 基础（基础知识）

图 5—35　灵蛇髻

启迪和遐想，遂将其仿之。且不论传说是否臆造，然而此髻可拧可盘，旋扭于头顶、头侧或头前则始终生动优美，变化无穷，决不雷同，故谓之"十不得一二也"。这也许就是不仅为当时的妇女所偏爱，而且为后世所流传的主要原因。

反绾髻：属高髻中的一种发式，《国宪家猷》载："魏武帝令宫人梳反绾髻。"因此可以认为，这种发式是当时宫中贵妇的主要髻发，其梳理法是将头发向后聚拢，并用丝带结扎，再分成若干股不等份，然后再翻绾成各种式样不同的反绾髻。如编梳成惊鸟展翅欲飞的"警鹄髻"，编梳成单刀式及双刀式的"翻刀髻"，将多股头发翻绾而成的"百花髻"等，其样式之多，全凭各种编梳，反绾的手法不同则样式各异，手法百变则样式万千。另在反绾髻下留一条发尾，使其垂于背后，一称"燕尾"，也称"分髾髻"，与汉代所流行的相似。

十字髻：因其发型呈"十"字形而得名。其梳理顺序是先于头顶正中将发盘成一个十字形的髻，再将余发在头的两侧各盘成环形，下垂至肩，上用簪梳固定。此发式独特而庄重，盛行于魏晋南北朝时期的贵族妇女之中。西安草厂坡出土的北魏彩绘陶俑中，就有极为形象生动的记载。

隋唐年代，政治开明，经济发达，文化繁荣，生活富裕。此时的妇女发式及装饰可谓达到了历史上的登峰造极之时。

隋、唐、五代时，自公元 581 年至公元 960 年，共计 379 年。隋文帝杨坚于公元 581 年灭北周后，始建隋朝，公元 589 年灭陈后统一了中国，农业、手工业由此恢复并发展。然而，由于隋炀帝奢侈淫逸，发动战争，以致民穷财尽，终于爆发了隋末农民起义。李渊父子乘机于公元 618 年重新统一中国，建立唐王朝。在中国古代历史上，唐代是封建社会的鼎盛时期，政治、经济、文化等方面都达到了新的高度。据《唐六典》载，当时与唐交往的国家达 300 余个，中外文化交融促进了文化事业的大发展。唐文化艺术融中西文化艺术风格于一体。这一时期的发式和妆饰，尤其是唐代不乏承前启

图5—36　隋唐半翻髻

后的精美发式，极为丰富多彩（见图5—36）。据现有资料记载：隋有迎唐八鬟髻、翻荷髻，唐有倭坠髻、望仙髻等，发式之变化不胜枚举。待到唐晚期时，社会动荡，统治解体，出现了五代十国，中国重又陷入分裂，国力呈下降趋势。综上所述，此一时期隋的统治时间短暂，五代又逐步没落，因此最具代表性的唯举唐代。

当时一些发式取名为云髻、云鬟、云鬓等，是一种极为形象化又恰如其分的形容，鸦、云、绿云、青云、青丝等常被古人喻为妇女头发又密又黑之貌。"宝髻"是将金银、宝玉、珠翠饰于髻上，"乐游"则是将当时的一座宫殿名用于髻名，"愁髻"则与当时的画眉及面妆相联系。面妆则有额熏、眉黛、红粉、口脂、花钿、装靥等。有的施于额间，有的施于两鬓，还有的点缀于嘴角两侧。鬓式又与发式相配，各式鬓角厚薄不一，疏密有致，大小不等。其名诸如蝉鬓、云鬓、雷鬓、丛鬓、轻鬓、圆鬓等。

倭坠鬓：喻其似蔷薇花低垂欲拂之态。《古今注》载："倭坠髻——云坠马髻之余形也。"其形似倒垂侧向一边。发髻挽得很低，这是此髻的特色。类似于汉代的坠马髻，约在唐天宝年间初现，到贞元年间重新流行，只是髻式稍有变化而已。

高髻：比喻髻式高耸而得此名，是当时极为流行的一种发式，且样式变化无穷。如万楚诗句"托花向高髻"，李贺诗句"峨髻愁暮云"。其中更有卢微君的"城中皆一尺，非妾髻鬟高"等，都生动、形象地描绘出了高髻、高鬟的风采。

凤髻：高髻中的一种，取其髻式似凤而得名，装饰金翠凤凰。欧阳询的《凤楼春》载"凤髻绿云丛"，即指此种发式妆饰。

螺髻：白居易的《绣阿弥陀佛赞》中云"金身螺髻，玉毫甘目"。螺髻是取其形似而得名，本为儿童发髻，在头顶上梳螺状髻，初唐时曾盛行于宫廷。在太原金胜村唐墓出土的壁画、陕西永泰公主墓出土的石刻等处，均能见到螺髻（见图5—37）。

图5—37　唐代螺髻仕女俑

化妆师 Makeup artist 教程（基础知识）

花髻：也是高髻中的一种，李白《宫中行乐图》中云"山花插宝髻"，万楚《茱萸女》中"插花向高髻"均讲述了这种将鲜花插于发髻上的发式。唐人将牡丹比作花中之王，将牡丹作为发髻上的妆饰物，更显其妩媚与高贵。《奁史·引女世说》载"张镒的牡丹宴客，有名姬数十，首托牡丹"，描述了当时的情景。《簪花仕女图》中头饰宝玉金银，尤以牡丹花形强调花髻发式的雍容华贵。更有甚者，在髻上再点缀以雪白的茉莉花，黑白对比反差强烈，且芬芳扑鼻，独具魅力。罗虬《比红儿》"奈花似雪簪云髻"记述了这一乌发衬白花的妆饰手法。而且，这种传统的装饰手法是我国妇女发式装饰中一种广泛采用的方法。

低髻：顾名思义，是一种较低的发髻，牛峤《菩萨蛮》中云"低髻蝉钗落"意指此髻，另有一种含义为相对较卑微的发髻和梳在脑后较低部位的发髻。

鬟：与盘绕实心的髻区别，鬟是一种盘绕空心的环状形式。鬟为大多数青年妇女所偏爱，尤为喜欢双鬟式。鬟的形式高低不等，大小不一，既有梳在头顶上，也有垂于脑后的多种样式。

眉饰：唐代的眉饰具有鲜明的特色。《簪花仕女图》（见图 5—38）中的仕女形象，花髻饰有牡丹、珠宝，眉粗大突出，给人以华丽之中见情趣的深刻印象。唐初盛行的粗眉饰在图中有形象的描绘。据"十眉图"有八字眉、五岳眉等数十种之多，均属粗眉饰，可见唐初时粗眉饰盛行。白居易《上阳白发人》中云"青黛点眉眉细长，天宝末年时世状"，则记述了至开元、天宝年间，当时的妇女已一改以往以细长眉饰为时髦了。

自宋唐灭后，经历了五代十国，至公元 960 年，赵匡胤发动"陈桥兵变"夺取后周，建立宋朝，史称北宋，恢复了中国的统一。以农业、手工业为主的封建经济获得了较大的发展，尤其是纺织、造纸、印刷都是当时十分兴盛的产业。此后由于国内矛盾的激化，相继爆发了一系列农民起义，北方女真族乘机征服北宋，自此中国又分裂成宋、金两个对立的政权，历经 320 年，至公元 1279 年元灭南宋。

宋代妇女发式多承晚唐五代遗风，以高髻为尚。在福州南宋黄升墓中曾出土了高髻的实物，此种高髻大多掺有从他人头上剪下来的头发，加进自己的髻发中。甚至直接用他人剪下的头发编结成各种不同

图 5—38　《簪花仕女图》（部分）

式样的假髻，需要时直接戴在头上。其使用方法类似于今天的头套。宋代时称"特髻冠子"或"假髻"。各种不同式样的假髻，可供不同层次的人物在不同场合选择使用。由于假髻使用范围的日益广泛和普及，因此在一些大都市，已经设有专门生产和销售假髻的铺子。

除此之外，宋代发式仍可谓丰富多彩，无奇不有，颇具特性。

朝天髻：是富有时代性的一种高髻。《宋史·五行志·木》载："建隆初，蜀孟昶末年，妇女竞治发为高髻，号朝天髻。"在山西太原晋祠圣母殿宋代彩塑中可以见到此种发髻的典型式样。其做法是先梳发至顶，再编结成两个对称的圆柱形发髻，并伸向前额。另还需在髻下垫簪钗等物，方使发髻前部高高翘起，然后再在髻上镶饰各式花饰、珠宝，整个发式造型浑然一体、别具一格。

包髻：在山西太原晋祠彩塑中，还能见到一种别具时代特色的发式——包髻。《东京梦华录》载，中等说媒人者戴冠子，黄包髻。它的制法是在发式造型已经定型以后，再将绢、帛一类的布巾加以包裹。此种发式的特征在于绢帛布巾的包裹技巧上，将其包成各式花形或做成一朵浮云等物状，装饰于发髻造型之上，并饰以鲜花、珠宝等装饰物，最终形成一种简洁朴实，又不失精美大方的新颖发式。

双蟠髻：又名"龙蕊髻"。髻心特大，有双根扎以彩色之缯。宋代得此髻名，苏轼词有"绀绾双蟠髻"。在宋人所绘《半闲秋兴图》中可以见到双蟠髻。

图5—39 河南洛阳涧西谷唐墓出土梳三丫髻的妇女三彩俑

三丫髻（见图5—39）：将髻发分成三髻至头顶，或梳理三鬟也可。范石湖歌："白头老媪簪红花，黑头女娘三丫髻。"宋李嵩《听阮图》中有这种髻式。

面饰：宋承前代遗风，好在额头和脸颊粘贴花钿。这是一种用极薄的金属片和彩色纸做成的小花、小鸟等花样。通常用粘羽箭的胶水粘贴。因用此胶来粘贴花钿，只需用口呵嘘就能溶解贴用，故得名为"呵胶"。以后又有用黑光纸作团靥妆饰面部。还有一种"鱼媚子"是用鱼鳃中的小骨来做妆饰物。《宋徽宗宫词》所述"寿阳落梅妆"则更为传奇，引以为时髦，甚至相互仿效。

辽、金、元时期从公元907年至1368年。位于北方的辽、金、元三政权先后与两宋并存，到1234

年蒙古灭金，1271 年定国号元，1279 年元灭南宋，建立统一的元王朝，各民族间的关系进一步融合。

辽、金、元分别是以契丹、女真、蒙古这三个少数民族执掌的政权，其基本生活范围在中国的北方。这三个朝代的民风民俗都有一个共同点，即承袭了前代的习俗，又各具民族特色（见图 5—40）。

辽的男子发式别具一格，按其契丹族习俗，多梳髡发。据史载此发式早前就为部分地区少数民族所采用。妇女发式则与前代相接近，一般都梳高髻、双髻、螺髻等，但有少数披发者，额头处以巾带结扎，谓之帕巾。另有一种佛妆，是用金色或黄色粉末涂在脸面上，又称为黄妆。

图 5—40 甘肃安西榆林窟元行香蒙古贵族壁画

金代男子好以辫发为时尚。男辫垂肩，女辫盘髻，这是男女辫发的不同特点。

元代虽与金代同好辫发，但辫发样式则大相径庭。上至帝王，下至百姓，都梳理成一种名为"婆焦"的发式。这种发式在现存的众多元代人物画像中均可见到。

髡发：其发式梳理是先将头顶部分毛发全部剃光，在两鬓或前额部位留下少量头发。还有在前额保留一排短发，耳边的鬓发则自然披散。更有将两边头发梳理成各种随意的发式，做自然下垂状。髡发式样目前从《契丹狩猎图》等古代绘画作品中可以看到，另外从辽代的一部分壁画中也能见到这方面的描绘。

婆焦：其样式如同汉族儿童梳理的三搭头发式。梳理方法为先将头顶正中处用剃刀修成两道交叉线，并将后脑一部分头发全部剃去，前额保留一小撮短发自然下垂，左右两侧头发分别结成对称的辫子，环绕于耳后，下垂至肩即可。

公元 1368 年，朱元璋在应天称帝，立国号"明"。明朝建立后，采取了一系列讲求实效的措施，以利恢复生产。由于生产力获得了提高，市场进一步扩大，新型工业不断涌现，一些工业城随之形成，统一后的多民族国家进一步巩固。明朝从蒙古族统治的元朝夺取政权后，对不符合汉族习俗的礼仪进行了整治，多采用和恢复了唐宋时期的制度和习俗，虽不及唐宋时期丰富多样，但也具有本时代的一些特色。

明初基本承袭了宋元的发式，待嘉靖以后妇女的发式有了明显的变化。"桃心髻"是当时较时兴的发式，妇女的发髻梳理成扁圆形，再在髻顶饰以花朵。以后又演变为金银丝挽结，且将发髻梳高。髻顶装饰珠玉宝翠等。"桃花髻"的变形发式花样繁多，诸如"桃尖顶髻""鹅胆心髻"及仿汉代的"堕马髻"等。

双螺髻：明代双螺髻类似于春秋战国时期的螺髻。时称"把子"，是江南女子偏爱的一种简便人方的发式，尤其是丫鬟梳理此髻者较多，其髻式丰富、多变，且流行于民间女子。

假髻：又称鬏髻，为明代宫中侍女、妇人所钟爱。当时有"宫女多高髻，民间喜低髻"之说。此类假髻形式大多仿古，制法为先用铁丝编圈，再盘织上头发即成为一种待用的妆饰物。明末清初特别时兴，在一些首饰店铺还有现成的假髻出售。

头箍：又名"额帕"。在明代无论老少都非常盛行。一说头箍是从原"包头"演变而来，最初以棕丝编结而成为网住头发而已，初时尚宽而后行窄，其实用性为束发用，并兼之装饰性，取窄小一条扎在额眉之上。此装饰物自明代始有。

牡丹头：高髻的一种，苏州流行此式，后逐渐传到北方。尤侗诗云："闻说江南高一尺，六宫争学牡丹头。"人说其重者几至不能举首，形容其发式高大，实际约七寸，鬓蓬松而髻光润，髻后施双绺发尾。此种发式，一般均充假发加以衬垫（见图5—41）。

图5—41 唐寅《吹箫仕女图》局部

图5—42 香妃像

清代的满族为原先居住在中国东北部的女真族。明末农民起义此起彼伏，满族贵族乘虚而入，于1644年在北京建立清王朝，至1911年清灭。这237年间，清王朝经历了三个阶段。前期是一个统一的多民族国家，中期社会经济进一步发展，末期步入封建社会制度的衰落和瓦解。清统治者在关内建立政权以后，强令汉族遵循满族习俗，剃发留辫是其中之一。清初妇女发式及妆饰还各自保留本民族的特点，以后逐步发生了明显的变化。发髻上的装饰物，不用金银，而多用珠翠，这是崇祯年间的特点。中期崇尚高髻，如模仿满族宫女的发式，是将头发均分成两把，即"两把头"（见图5—42），在脑后垂下的一缕发尾，修剪成两个尖角，称"燕尾"。此后又流行平头，谓之"平三套"或"苏州撅"。此髻老少皆宜，一改高髻风俗。头发装饰也有特色，"冠子"即是一例，老年妇女多好之。还有"一字头"豪华奢侈，高如牌楼，皇室偏爱的大拉翅即是其中最著名的一个。

高髻：清代高髻都以假发掺和衬垫梳理而成，如康熙、乾隆年间流行的牡丹头、荷花头、钵盂头即属此类。其样式豪华，高高耸立达七寸余，犹如盛开的牡丹、荷花。脑后梳理成扁平的三层盘状，并以簪或钗相固定，髻后做燕尾状。钵盂头则形如覆盂。因此类髻发梳理繁杂，故到清末剪发风盛行时，就逐渐趋于淘汰了。

大拉翅：又名"旗髻"，是清代满族女子最具特色的、集发式造型与妆饰于一体的著名发式。其梳理方式特别繁复，是受汉族妇女"如意头"影响而演变而成的，为清宫廷贵妇所钟爱。

纂：清代老年妇女多在髻上加罩一硬纸和黑色绸缎制成的饰物，绣以吉祥纹样、寿字等，用簪扦于髻上。中年妇女则多戴用鬃麻编成，再裱以绸缎的纂，然后饰以鲜花等，更显其秀美与华丽之色。纂的形状像一只鞋帮，仅有两壁，以后又演变为不直接用纂，谓之"真纂"，实际就是在头上盘一元髻而已（见图 5—43）。

图 5—43　慈禧像

二、中国近代发型简史

自 1840 年鸦片战争起，中国逐步沦为半殖民地、半封建社会，西风渐进，延续 2000 余年的封建习俗受到很大的挑战。

兴办女学，废除缠足，这是晚清中国女权运动得以开展并取得实质进展的重要标志。晚清女学，自 19 世纪 40 年代就已开始，至 19 世纪末，传教士开办的女学堂在全国各地已有数百所。这类学校的学生（见图 5—44），基本上是下层平民阶层的女儿或者孤儿，女学没能影响到中国上流社

图 5—44　晚清女子学堂毕业照

会。这一时期，在外来文化的冲击和先进知识分子的不断呼吁声中，缠足的风气缓慢地走向消亡。而随着维新运动的兴起，在引进西方民主思想的同时，女子教育逐渐被提上社会改革的议事日程。

辛亥革命后，封建统治被一举推翻，各种束缚人们的禁锢被逐步解开，民风民俗也发生了较大的变化，人们的发式妆饰也随之变化和开放。清末民国初年，年轻妇女除部分保留传统的髻式造型外，又在额前留一绺短发，时称"前刘海"。追根溯源，前刘海出自古代的雏发覆额发式。到清光绪庚子年后，不论是年长年幼都时兴起此种发式了。此发式最显著的特征是前额的一绺短发（见图5—45），只因这一绺短发的不同变化，还在一个不太长的流行时期中经历了自一字式、垂钓式、燕尾式直至满天星式的演变过程。因此还被冠之为"美人髦"。

图5—45　民国女子的前刘海

辛亥革命以后，时兴剪发。一些革命者率先剪掉长辫，以示与封建势力的决裂。清王朝覆，结束了漫长的束发阶段，迎来了丰富多彩的短发时代，特别是新民主主义时期，一些知识女性也加入了剪发行列（见图5—46）。

随着西方文明传播，约在20世纪30年代，美发行业也起了革命性变化，卷烫技术开始出现，更加注重发型本身的造型技巧，而饰物开始慢慢减少。国

图5—46　宋氏三姐妹

外妇女的烫发经沿海几个通商口岸传入国内。一时间，人们的发式妆饰大多崇尚西洋、群起仿效，染发也一时成为达官贵人所追求的时髦方式。至此各式发式造型达到历史上前所未有的丰富多彩。在中国的一些大城市，如上海，在 20 世纪二三十年代的发型技术和流行趋势与欧洲的时尚可以说是同步的，代表了亚洲的时尚潮流，成为近代中国美发行业的繁荣盛世（见图 5—47）。

图 5—47　老上海美女

三、中国当代发型简史

1949 年以后，美发行业提倡为人民服务，方便人民生活，提倡简单、舒适、健康的发型（见图 5—48）。

20 世纪 50 年代与苏联关系交好，服装、发型也一并学习（见图 5—49）。

进入 60 年代，由于政治因素的影响，服饰进入了制服时期。60 年代中期，男女服装归于一统，女装趋向男性化，尤其是"文化大革命"时期，军便服大行其道，黄军装、黄军帽、红袖章、黄挎包成了"时装"。"不爱红装爱武装"被女性奉为圭臬，视为理想追求，许多狂热的青年最向往的就是拥有一套绿军装。人性沉寂，女装萧条；孤独的单色，统一的款式，时尚不再体现个性，而仅仅是流行，近似宗教式的一种躁动与狂热。

1966 年以后，草帽、毛巾和毛泽东像章成了上山下乡知青的装扮要素，美发美容作为资产阶级的生活方式被彻底否定，不能烫发和做比较时髦的发型，美发水平和相

图 5—48　1949 年徐州市公安局全体女警合影

图 5—49　20 世纪 50 年代的女性

图 5—50　20 世纪 60 年代的女性

关的产品技术止步不前（见图 5—50）。

1976 年岁末，寒冷的冬天终于过去，服饰的坚冰消融了。喇叭裤悄悄闯进了国门。不久，迷你裙也开始流行，虽然在国内掀起了轩然大波，但毕竟时代不同了，还是很快被民众所接受。中性化的女装渐渐被人们摒弃，成了历史的记忆，取而代之的是各种"奇装异服"。20 世纪 70 年代末，国家实行改革开放，美发美容行业又焕发生机（见图 5—51）。

80 年代初期，中国百姓的穿着、发型早已打破了 70 年代单调的款式，百姓对理发的好奇感也很强烈（见图 5—52）。

自 90 年代至今，美发美容行业出现了空前的繁荣盛世。

图 5—51　20 世纪 70 年代末的女性

图 5—52　20 世纪 80 年代末的女性

第6章

服装服饰基础知识

服装知识

一、服装与化妆的关系

化妆造型设计、发型设计、服装服饰搭配都是整体形象设计的重要组成部分。服装与化妆造型的关系非常紧密，需要根据人物整体造型风格的需要来完成设计，力求服装服饰、化妆造型与整体形象和谐统一。

化妆造型与服装的搭配都要根据设计对象的整体特点来表现，同时都需要考虑设计对象的年龄、职业、面部特征、发型及环境特点。服装的样式和色彩直接影响化妆的设计风格。

在影视剧人物造型中，尤其是在写实性风格的造型中，服装是根据剧本对人物的角色定位来进行创作的。演员在每个历史时期的服装都带有那个时期的显著特征，而化妆尤其是发型的时代特征更强。服装是突出时代的典型的历史性符号。

写意性化妆与服装的整体搭配设计也是力求珠联璧合。如歌剧《巴黎圣母院》（见图6—1）中，化妆的形式是夸张的，甚至有些荒诞，如果在很传统的服装上，这样的化妆样式就很突兀。而在设计的时候，服装和化妆的设计思路是统一的，演员所穿的服装颜色和样式都带有鲜明的符号化。

图6—1 《巴黎圣母院》剧照

再比如 2006 年上映的由索菲亚科波拉执导的《绝代艳后》（见图 6—2），荣获第 79 届奥斯卡最佳服装设计奖。它讲述的是法国国王路易十六的王后玛丽·安托瓦内特的故事。《绝代艳后》反映的是洛可可时期的服装特色。洛可可时代女性的地位很高，所以那个时代非常强调女性美。相应地，服装的颜色非常女性化，款式也非常女性化，强

图 6—2　《绝代艳后》剧照

调女性感觉，包括大裙撑、收腰、低领，用一种夸张的语言突出女性的曲线。那个时代有很多包括紧身胸衣在内辅助的人造美，并不是完全的自然形体。头发也一样，做得很高，里面有很多支撑材料，这些都是对女性美的一种夸张唯美的感觉。不论是服装还是肤色，都非常柔和。肤色也化妆得非常淡，这样就把妆容衬托出来了。

二、服装分类

服装从起源发展到今天，随着功能性、地域性、季节气候等因素，逐渐形成了不同的类别，常见的分类方法有以下几种：

1. 按照性别和年龄分类

按照性别可以分为男装、女装、中性服装（见图 6—3）。

按照年龄可以分为婴儿服装（见图 6—4）、儿童服装、少年装、青年装、成年装及老年装。

图 6—3　中性服装

图 6—4　婴儿服装

2. 按照季节和气候分类

根据不同地域和气候特点，在不同季节穿着不同的服装。在我国有比较明显的春夏秋冬四季，可以分为春秋装、夏装、冬装。

3. 按照用途分类

（1）社交礼仪服装。社交礼仪服装（见图6—5）是指在婚礼、葬礼、典礼、访问、聚会等正式社交场合穿着的礼仪性服装。此类服装制作精良，用料讲究，一般以套装或者连衣裙为主。

（2）日常生活类服装。日常生活类服装（见图6—6）是指在普通的生活、学习和工作及休息场合穿着的服装，款式比较轻松、时尚、简单，面料舒适。

（3）职业装。职业装（见图6—7）是指专门用于工作场所而且可以明确表明职业特点的标志性服装，比如警察、空乘、医生等。

图6—5 社交礼仪服装

图6—6 日常生活类服装

图6—7 职业装

（4）运动服。运动服（见图6—8）是指人们在参加体育活动时所穿着的服装，同时也可以分为专项体育的竞技服装和活动服两大类。运动服对服装的功能性、透气性和吸湿性的要求非常高。

（5）舞台演出服装。舞台演出服装（见图6—9）是根据舞台演出的需要制作的服装，需要帮助演员塑造形象，常常以其独特的造型和装饰、夸张的手法达到舞台表现的效果。

图6—8　运动服（鲨鱼皮泳衣）　　　　　　图6—9　舞台演出服装

4. 按照民族分类

不同的民族有各自民族的传统服装服饰形式，如中国的旗袍（见图6—10）和唐装、韩国的韩服（见图6—11）、日本的和服（见图6—12），都是典型的民族服饰。

图6—10　旗袍　　　　　　图6—11　韩服　　　　　　图6—12　和服

5. 按照生产方式分类

按照生产方式分类，服装可以分为成衣和高级时装两大类。

成衣（见图6—13）是指按照一定规格和标准号码批量生产系列化的服装，面向大众，价格低。高级时装（见图6—14）则是针对顾客的需求量体裁衣，专门针对顾客的需求设计风格，用料讲究，价格很高。

图6—13 成衣　　　　　　　　　　　　　　　图6—14 高级时装

图6—15 巴洛克风格

6. 按照风格分类

在历史的长河中，根据不同时期、不同文化背景、不同民族变迁，服装的流行风格在不断变化。随着时间的变化，形成过许多种服装风格，包括巴洛克风格（见图6—15）、洛可可风格（见图6—16）、哥特式风格（见图6—17）、朋克风格（见图6—18）、嬉皮风格（见图6—19）、Hip-Hop风格、简约风格、古典风格等。

图 6—16　洛可可风格

图 6—17　哥特式风格

图 6—18　朋克风格

图 6—19　嬉皮风格

三、服装三要素

1. 服装材料知识

服装材料就是通常说的服装面料，是用来制作服装的材料。作为服装三要素之一，面料不仅可以诠释服装的风格和特性，而且可以直接左右服装的色彩和造型的表现效果。

服装材料的选择运用，已经逐渐脱离过去陈旧的观念，从单一性的面料延伸至多元化的综合材料的范围。从狭义的角度讲，服装是用天然和化纤纺织品为原料制作的。而从广义的角度划分，服装材料不仅是由纺织品组成的，还包括多种原料，如皮革、塑料、橡胶、木材、金属、纸制品等综合材料。

一般服装面料分为两大系列。

梭织面料常用于服装的外衣和衬衣。

针织面料以往常用于服装的内衣和运动系列服装，近些年来由于科技的发展，针织布也向厚重、挺括发展，逐渐使针织内衣外化。针织面料梭织做法，成为外衣的补充。

服装材料可以根据原料的来源分为天然纤维和化纤纤维两大类，也可以根据其加工方式分为机织物、针织物和非织造物。凡是用来制作服装的材料统称为服装材料。下面就根据服装常用的材料进行介绍。

（1）天然纤维织品

1）平布（见图6—20）。指的是采用平纹组织织制，其经纬纱的线密度和经纬纱的密度相同或相近的织物，分为粗平布、中平布、细平布。

2）府绸。是一种高支高密的平纹或提花棉织物。

3）巴厘纱（见图6—21）。密度特别小，透明度高，又称玻璃纱。

4）帆布（见图6—22）。属于粗厚织物，因最初用作船帆而被称为帆布。

5）麻纱（见图6—23）。平挺细洁，密度较小，透气舒适，具有麻布的风格。

图6—20　平布

图6—21　巴里纱

图6—22　帆布

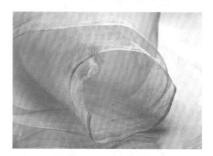

图6—23　麻纱

6）卡其（见图 6—24）。是棉织物中紧密度最大的一种斜纹织物，挺括耐穿。

7）直贡（见图 6—25）。是采用经面缎纹组织织制的纯棉织物。

8）灯芯绒（见图 6—26）。织物表面呈现耸立绒毛,排列成条状或其他形状,外面圆、润、绒毛丰富、手感厚实。

9）苎麻平布（图 6—27）。是以平纹组织织制的苎麻织物。

10）夏布（见图 6—28）。是对手工织制的苎麻布的统称,是我国传统纺织品之一。

11）亚麻细布（见图 6—29）。一般泛指细号、中号亚麻纱织成的麻织品。

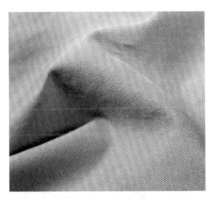

图 6—24　卡其

图 6—25　直贡

图 6—26　灯芯绒

图 6—27　苎麻平布

图 6—28　夏布

图 6—29　亚麻细布

12）亚麻帆布（见图6—30）。粗厚的亚麻织物。

13）精纺毛织物（见图6—31）。由精梳毛纱织制而成，用毛品质高，表面光洁，织纹清晰，手感柔软，富有弹性。

14）粗纺毛织物（见图6—32）。又称粗纺呢绒，质地紧密，厚实丰满，一般织物较重，适合制作秋冬季外套和大衣。

15）真丝纺类（见图6—33）。采用平纹组织织制的质地轻薄、平整细密的花、素丝织物，又称纺绸，主要有电力纺、富春纺、华春纺等。

16）真丝绉类（见图6—34）。运用工艺手段使表面成皱纹效果的平纹丝织物，主要有乔其绉、双绉、缎背绉等。

17）真丝绸类（见图6—35）。采用平纹、斜纹及变化组织织造，或同时混用几种基本组织和变化组织的花、素丝织物，包括塔夫绸、双宫绸等。

图6—30 亚麻帆布

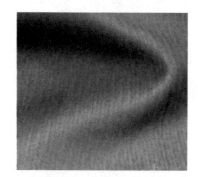
图6—31 精纺毛织物

图6—32 粗纺毛织物

图6—33 真丝纺类

图6—34 真丝绉类

图6—35 真丝绸类

18）真丝缎类（见图6—36）。采用缎纹组织织成的手感光滑柔软、质地紧密厚实、色泽鲜艳的丝织物，包括软缎、库缎、金雕缎等。

19）真丝锦类（见图6—37）。是中国传统高级多彩提花丝织物，是丝绸织品中最精美的产品。三色以上的缎纹丝织物称为锦，有蜀锦、云锦、宋锦等。

图6—36　真丝缎类

图6—37　真丝锦类（云锦）

（2）化学纤维织品。化学纤维材料织物是近代发展起来的新型面料，种类较多，主要包括化学纤维加工成的纯纺、混纺和交织物，化纤材料的织物具有稳定性好、保暖耐穿等特点，但是吸湿透气性能差，价格比较便宜，是平民化的织物。

人造的化纤材料有人造棉布、人造丝、人造毛呢等，合成纤维织物有涤纶、腈纶、锦纶、氨纶等，化纤织物还可以模仿一些天然纤维织物的效果，如人造毛、仿鹿皮等。

（3）毛皮材料与皮革类材料

1）毛皮材料。天然毛皮也称裘皮，是动物的皮毛经过鞣制加工而成的材料，具有保暖、轻便、耐用等特点，是高档时装的常用材料。

毛皮材料（见图6—38）包括紫貂皮、水貂皮、灰鼠皮、水獭皮、狐狸皮等。

图6—38　毛皮材料

2）皮革类材料。动物的毛皮经过化学处理后去掉毛的皮板，即为皮革。另外，以机织、针织、无纺布为底布，表面加以合成树脂可制成合成皮革，可以仿造各种天然皮革的效果。

皮革类材料（见图6—39）包括牛皮革、羊皮革、鹿皮革、猪皮革。

图6—39　皮革类材料

（4）新型服装面料。随着纺织工业的发展和化学纤维的应用，人们把天然纤维和化学纤维或改性、或混纺互补，以满足人们对服装材料和服装功能的要求。对织物进行物理、化学或者生物类的新工艺、新方法处理，使服装材料具有防水透湿、隔热保温、吸汗透气，甚至阻燃、防蛀、防霉、防污、防静电等特性，为开发舒适、健康、卫生的服装和防护服提供了新材料。

2. 服装廓形

服饰的外形也称为廓形，是服装造型的根本。廓形用来区别和描述服装的重要特征，是服饰款式设计的主要标准，是对所有的服饰外廓形进行简单的概括。服装造型的总体印象是由服装的外轮廓决定的，它进入视觉的速度和强度高于服装的局部细节。

服装廓形的变化主要通过对肩、腰、臀及服装的底摆关键部位强调或掩盖，形成各种不同的廓形。

肩线的位置、肩的宽度、形状的变化会对服装的造型产生影响。例如袒肩与耸肩的变化。

腰部是影响服装廓形变化的重要部位，腰线高低位置的变化，形成高腰式、正常腰线式、低腰式。腰的松紧度是轮廓变化的关键形式，例如束腰型和松腰型。

底摆线是服装外形轮廓变化的敏感部位，其形状变化丰富，是服装流行的标志之一。

　　根据服装外形轮廓的不同，可分为字母型、几何型、物象型及专业术语型，不同的分类方法体现出不同的服饰外形特征。

　　目前较普遍的廓形分类是字母型分类，是法国著名的设计师克里斯蒂恩·迪奥以英文字母命名的一种服饰外形特征。作为一位擅长研究服饰廓形线造型并讲究服饰比例与均衡的服装大师，他梳理出应用最多的七种廓形，分别是 A 形、H 形、X 形、T 形、Y 形、O 形、V 形。

　　（1）A 形廓形。A 形廓形（见图 6—40）上小下大，与正三角形相似，多应用在大衣、连衣裙、晚礼服中，给人修长而优雅的感觉，极富动感，服装的肩胸部位较为合体，下摆逐渐打开，强调下摆的夸张，具有坚实、华贵、庄重典雅的特点。

图 6—40　A 形廓形

　　（2）H 形廓形。H 形廓形（见图 6—41）也称为箱形，强调肩部、腰部、下摆宽窄基本一致。H 形廓形服饰具有修长、简约、宽松、舒适的特点。H 形廓形服饰于 20 世纪 20 年代中期在欧洲广为流行，50 年代再度流行，并被称为"布袋形"。20 世纪 60 年代风靡一时，80 年代再次流行。

　　（3）X 形廓形。X 形廓形（见图 6—42）是最富有女人味的线型，通常在经典风格和淑女风格中大量使用。造型特点是肩部高耸，腰部收紧，臀部呈自然形，下摆宽大。X 形廓形充分勾勒出了女性线条，塑造出女性柔美、性感的特点。

（4）T形廓形。T形廓形（见图6—43）表现出强烈的男性特点，常出现在男性服饰设计中。它呈倒梯形或倒三角形，造型特点是肩部夸张、上宽下窄。它以潇洒、大方、硬朗的风格，成为男性服饰的代表。近年来女性服饰也采用了T形廓形，在欧美颇为流行。T形廓形在一些较为夸张的表演服和前卫服饰设计中运用较多。

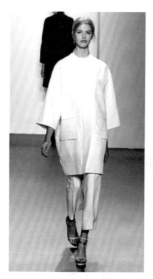
图6—41　H形廓形

图6—42　X形廓形

图6—43　T形廓形

（5）Y形廓形。Y形廓形（见图6—44）犹如它的形状一样，肩部夸张，身形细长，独特而浪漫。通常看到的短上衣，配细长"一步裙"就是典型的Y形廓形。它对美化女性整体造型、突出女性特点都有着独到之处。

图6—44　Y形廓形

（6）O形廓形。O形廓形（见图6—45）以休闲、舒适为主要特点，这种款型多出现在休闲装、运动装、家居装和孕妇装的设计中。O形廓形服饰的外形类似圆形或椭圆形，其造型肩部、腰部没有明显的棱角，特别是腰部线条松弛不收腰。这种款型设计的服饰也很适合胖人穿着，可以巧妙地掩盖身体的缺陷。

（7）V形廓形。V形廓形（见图6—46）表现出的款型是上大下小，给人以雄健、洒脱、俊美、豪迈之感。表现在款型设计中，如西服、男夹克、下摆收紧的T恤。V形廓形服饰的特点是自上而下逐渐变窄。V形廓形服饰和Y形廓形服饰不同的是，Y形廓形服饰表现的是整体廓形，而V形廓形表现的大多都是上衣。一些女装中也采用此种廓形，如女式夹克、短连衣裙、T恤。它对塑造女性健美、洒脱干练的形象有独特之处。

图6—45　O形廓形

图6—46　V形廓形

3. 服装色彩的特性

（1）装饰性。服装色彩是通过人体表现的一种审美形式，也是人类最为普及的美感形式。服装色彩的装饰目的，不是装饰形式本身，而是由装饰形式美化人体，是对人体的内外整体修饰，尤其具有保持礼节、尊严、修饰仪表、表现个性的作用（见图6—47）。

图6—47　黑色葬礼服装

（2）实用性。服装色彩的构思除了考虑精神方面的内容外，物质方面的实用功能性也不可忽视。服装色彩的实用功能性，表现为色彩与人在形式方面的和谐性及色彩使人在生理和心理方面得到平衡的机能性（见图6—48）。

（3）象征性。服装色彩的象征性（见图6—49）与民族、时代、人物、性格、地位等因素有关，所以，服装色彩的象征性包含极其复杂的意义。另外，一些特殊职业的职业服装色彩往往也带有很强烈的象征性，因此，服装色彩所体现的象征性绝非一个简单的内容，只有从多方面去理解、去探寻，才能真正把握其内涵。

（4）流行性。服装是流行与时尚的代名词，在诸多产品的设计中，服装的变化周期是最短的，它关注流行、体现流行的程度也是最高的。在流行色（见图6—50）的宣传活动中，通过服装展示来表达流行是很重要的内容之一。

图6—48　沙漠服装

图6—49　清朝皇帝龙袍

图6—50　服装的流行色

第 2 节

配饰知识

一、配饰与化妆的关系

　　配饰在这里特指装饰人体的物品总称，是人类文明的标志，是人类生活的要素。配饰除了满足人们物质生活需要外，还代表着一定时期的文化。配饰的产生和演变，与经济、政治、思想、文化、地理、历史及宗教信仰、生活习俗等都有密切关系，相互间有一定影响。各个时代、不同民族都有各不相同的配饰。

　　配饰与化妆具有共同的特点，即依附于人体，强化风格。在影视剧角色塑造中，配饰的恰当运用是成功塑造角色的决定因素之一（见图6—51）。

图 6—51　《甄嬛传》剧照

二、配饰分类（见图 6—52）

1. 头饰

　　主要指用在头发四周及耳、鼻等部位的装饰。具体可分为：

　　（1）发饰，如发夹、头花等。

　　（2）耳饰，如耳环、耳坠、耳钉等。

图 6—52　配饰

（3）鼻饰，则多为鼻环。

2. 胸饰

主要是用在颈、胸、腰、肩等处的装饰。具体可分为：

（1）颈饰，如项链、项圈、丝巾、长毛衣链等。

（2）胸饰，如胸针、胸花、胸章等。

（3）腰饰，如腰链、腰带、腰巾等。

（4）肩饰，多为披肩之类的装饰品。

3. 手饰

在手部及手臂上佩戴的装饰品，包括手镯、手链、臂环、戒指、指环等。

4. 脚饰

在脚部及脚踝上佩戴的饰品，包括脚链、脚镯等。

5. 挂饰

指不依附于人体的装饰品，如眼镜、钥匙扣、手机挂饰、手机链、包饰等。

第7章

化妆品基础知识

第1节

化妆品知识

一、化妆品原料知识

化妆品是由各种原料经过配方加工而成的一种复杂混合物。在化妆品的配方中，一般把原料分为两类：基质原料和辅助原料。基质原料是组成化妆品的主体，是在化妆品中起主要作用的物质。辅助原料帮助化妆品成型、稳定或赋予其色、香、味等，在化妆品配方中用量不大，但极为重要。

1. 基质原料

（1）油性原料。油、脂、蜡分别是油性物质的不同表现，通常以常温时原料的物理形态加以区别，主要起护肤、柔滑、滋润、固化赋形和特效作用。主要包括植物油、动物油、矿物油和蜡等。

1）植物油。自古以来，蓖麻油、橄榄油和山茶油一直是化妆品的主要原料，随着现代工业的发展，又增加了葡萄籽油、月见草油、荷荷巴油、柚子油等一些花卉植物中提炼的纯植物精油。

2）动物油。与植物油相比，其色泽混浊或有异味，而且状态比较不稳定，一般不会直接使用。

3）矿物油和蜡。矿物系的油性原料的主体是由石油精制工业提供的各种饱和碳氢化合物经选择整理后形成的，供化妆品用的有液状石蜡、凡士林、固体石蜡、微晶石蜡等。

（2）粉类。粉类是组成蜜粉、胭脂、眼影等的基质原料，是粒度很细的固体粉末。在化妆品中主要起增稠、悬浮、保湿、遮盖、滑爽、摩擦等作用，同时又是粉状面膜的基质原料。粉类化妆品状态一般有粉状、固体状，分散在固体状的油相中或悬浊液中等。化妆品中的主要粉质原料有滑石粉、高岭土、钛白粉、氧化锌、淀粉、硬脂酸锌、硬脂酸镁等。

化妆师 Makeup artist 教程 （基础知识）

（3）溶剂类。溶剂是膏状、浆状及液状的化妆品（例如面霜、乳液、粉底液及指甲油等）配方中不可缺少的主要组成部分。它和配方中的其他成分互相配合，使制品保持一定的物理性能。许多固体化妆品虽然不需要溶剂，但是生产过程中，往往需要一些溶剂的配合。例如粉饼成型时，需要加入一些溶剂用以粘住。某些少量的香料和原料的加入，也需要借助溶剂达到均匀分布的目的。溶剂除了主要的溶解性能外，在化妆品中往往还可发挥其他一些特性，如挥发、润湿、保香、防冻、收敛等。

2. 辅助原料

化妆品辅助原料主要分为表面活性剂、水溶性高分子、色素、香料与香精、防腐剂、抗氧化剂、收敛剂、紫外线吸收剂、药物、生物制品等。它们在化妆品配方中所占的比例不大，但由于其各自独特的性质和功能，因此有着不可替代的重要作用。

（1）表面活性剂。表面活性剂是一种能使油脂、蜡与水制成乳化体的原料，使油溶性和水溶性成分密切地结合在一起，使油—水分散体系保持均一稳定性。其具有乳化、洗涤、润湿、分散、增溶、发泡、保湿、润滑、杀菌、柔软、消炎和抗静电作用，一般表面活性剂的分子结构中都包含亲水基因和亲油基因。表面活性剂分为阴离子型、阳离子型、两性离子型及非离子型四类。

（2）水溶性高分子。水溶性高分子是结构中具有氢基、羧基或氨基等亲水基的高分子化合物。它在水中能膨胀成凝胶，在许多化妆品中被用作黏合剂、增稠剂、悬浮剂和助乳化剂。水溶性高分子分为三类，第一种是天然高分子，有明胶、果胶、海藻酸钠、淀粉等；第二种是半合成高分子，有甲基纤维素、羧甲基纤维素钠等；第三种是合成高分子，有聚乙烯醇、聚乙烯等。水溶性高分子在化妆品中具有以下作用：

1）提高分散体系的稳定性，具有增稠作用。

2）提高乳液的触变性，具有胶体保护作用。

3）提高成膜性和定型效果。

4）降低乳酸的表面张力，具有乳化和分散作用。

5）提高粉类原料的黏合性。

6）具有保湿和营养保健等功效。

（3）香料和香精。香料会给化妆品带来一种幽雅舒适的香味，分为天然香料和人造香料。天然香料有植物香料和动物香料，人造香料分为单离香料和合成香料。动物香料如麝香、海狸香和龙涎香是配备高级香料的主要原料，因为货源稀少，所以价格昂贵。麝香是公麝的生殖腺分泌物，其香味成分主要是麝香酮。

（4）植物香料。用植物的花、叶、枝干、根、树皮、树脂、果皮、种子等制成。植物香料的提取方法有水蒸气蒸馏法、溶剂萃取法、压榨法、油脂吸附法等。

（5）色素。色素是赋予化妆品一定颜色的原料，通常称为着色剂。化妆品是通过色素溶解或分散米使其基质原料和其他原料着色的。色素有合成色素、无机色素和天然色素三大类。合成色素能溶于水，用于面霜、乳液、面膜、精华素等。化妆品用的色素与食用色素一样，应达到以下要求：

1）安全性高，应无致变性、致过敏性及致癌性等。

2）光稳定性好，在紫外线的照射下不易褪色和变色。

3）与其他原料相溶性稳定。

4）与化妆品的功效性不矛盾。

（6）防腐剂。在化妆品生产过程中，不可避免地混入一些微生物，而这些微生物正是引起化妆品变质、酸败的主要原因。添加防腐剂就是要抑制微生物的生长，防止化妆品劣化变质，起到防腐、杀菌的作用。

目前生产的一些化妆品，在配方上本身就具有杀菌、防腐的功效，如果原料纯度很高，操作环境与生产工艺要求也比较高的话，就不容易变质。因此，近年来一些厂商推出了所谓无防腐剂的化妆品，实际上是产品配方中的某些成分本身就具有防腐、杀菌的效果。

防腐剂和杀菌剂是不同的。一般普通化妆品中加入的防腐剂能起到抑制细菌的作用，而杀菌剂则是杀灭化妆品中的微生物，一般用于防治粉刺类、去屑止痒类等特殊用途的化妆品中。

（7）抗氧化剂。含有油脂类的化妆品很容易氧化变质而产生令人不愉快的异味，因此，需要在这类化妆品中加入抗氧化的物质。这类物质就是抗氧化剂。抗氧化剂的种类很多，按照其化学结构的不同大致可以分为五类：酚类、胺类、有机酸类、醇类、无机酸及其盐类，最常用的是酚类和醇类。

（8）皮肤吸收促进剂。皮肤对大多数药物或营养物质来说是一道难以渗透的屏障，许多营养物质渗入皮肤时渗透速度都达不到要求。所以寻找促进营养物质渗透皮肤的方法是开发化妆品的关键，它包括物理促渗法和化学促渗法。

皮肤吸收促进剂是指能帮助和促进药物、营养物质等活性物渗透进入皮肤，以被皮肤吸收的制剂。它的作用机制是改变皮肤的水合状态，改变药物、营养物质的分子结构，使其具有较高的皮肤亲和力，降低皮肤的屏障作用，以促进药物、营养物质渗入皮肤，从而被皮肤吸收。

二、常用化妆品及其使用方法

化妆品具有美化面部容貌、调整皮肤色调、修整面部轮廓及五官比例的作用，化妆师对人物进行化妆造型，必须具有正确认识并选择化妆品的能力。修饰类化妆品包括粉底、蜜粉、眼影、眼线产品、睫毛膏、眉部产品、胭脂、唇膏、唇彩、唇线笔、妆前产品等。

1. 粉底

粉底是最为常用的调整肤色和增强面部立体感的化妆品。粉底的基本成分是油脂、水分及颜料等。油脂和水分是粉底不可缺少的基本成分，它可以使皮肤滋润、柔软并具有一定的弹性。颜料的多少决定粉底的颜色。根据水分、油分的比例不同，粉底可以分为乳液状、乳霜状、膏霜状和膏状，以及高浓度配比可以用作特殊处理用的遮瑕膏、调肤色。

图 7—1　乳液状粉底

（1）乳液状粉底（见图 7—1）。质地偏液体，油脂含量少，水分含量较多，比其他种类粉底更能充分地表现出水的性质，化妆后妆感自然、质地轻盈、贴合肌肤，适用于干性肌肤和裸妆，也是最为广泛地应用在各种场合下的粉底类型。

图 7—2　乳霜状粉底

（2）乳霜状粉底（见图 7—2）。质地偏黏稠的液体，油脂含量比水分多，有一定的遮盖力，妆效温润、娇嫩，依然保留皮肤应有的质感，适用于干性、中性的肌肤。

（3）膏霜状粉底（见图 7—3）。质地偏浓稠，但是不成固体型，通常盛于牙膏管挤压而出，或是盛于扁平罐中。遮盖力非常好，妆感丰润、肤质饱满，是专业化妆领域应用颇为广泛的一类底妆产品，适用于各类肌肤。

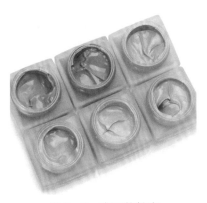

图 7—3　膏霜状粉底

（4）膏状粉底（见图7—4）。此类或呈粉条盛于管中，或呈饼膏盛于盒中，油脂含量较多，具有较高的遮盖力，妆效完美，效果明显，适用于瑕疵较多或油性肌肤。

（5）遮瑕膏（见图7—5）。遮瑕膏是一种特殊的底妆，成分与膏状粉底相似，质地更为扎实，主要用于一般粉底无法遮盖的色斑、黑痣等较重的瑕疵。

（6）调肤色（见图7—6）。使用调肤色，主要是利用补色的原理来减弱面部的晦暗、蜡黄色及脸颊上不自然的泛红色，可以协调肤色，增加皮肤的红润及白嫩感。如肤色偏红的部位使用绿色，肤色偏晦暗或蜡黄可使用薰衣草色，苍白的肤色可以选择蜜桃粉色，缺乏光泽的肌肤可选用米色来调整。

图7—4　膏状粉底

图7—5　遮瑕膏

图7—6　调肤色

2. 蜜粉

蜜粉（见图7—7）又称散粉，为颗粒细腻的粉末，具有吸收水分、油分的作用。将蜜粉扑在涂完底色的面部，可使皮肤和粉底结合得更为紧密，且能抑制粉底过度油光，防止脱妆，使肤色更为真实自然。

现在化妆技术进步，以及摄影等更加高清的拍摄要求，蜜粉已经衍生出了很多的新产品，例如更为控油和扎实的粉饼、专供吸油的高清蜜粉，甚至有调整肤色的彩色散粉和珠光蜜粉。

图7—7　蜜粉

使用方法：用粉扑或者散粉刷将蜜粉轻拍在肌肤上，然后用粉刷轻轻扫掉浮粉。保留肌肤表面的光滑细腻。

3. 眼影

眼影（见图7—8）是加强眼部立体效果、修饰眼形及衬托眼部神采的化妆品，其色彩丰富、品种多样。常用的眼影分为眼影粉、片状眼影、膏状眼影和眼影笔，以下重点介绍眼影粉和膏状眼影。

（1）眼影粉。眼影粉为粉块状，其粉末细致、色彩丰富，有很多质地，珠光、丝绒、丝缎、哑光等。光泽感不同会放在不同的位置，来体现不同的作用。

图 7—8　眼影

使用方法：珠光眼影比较适合提亮和高光的点缀；哑光的眼影比较适合东方人浮肿的眼睛，来塑造轮廓；而丝绒、丝缎光泽的眼影，可以作为衔接哑光和珠光的过渡，增加妆容的质感。

（2）膏状眼影。膏状眼影是用油脂、蜡和颜料配制而成的，质感润泽，易于贴合肌肤，而且妆效持久，是平面拍摄比较常用的眼影。随着技术的进步，膏状眼影的颜色越来越丰富。

4. 眼线产品

眼线产品（见图 7—9）是用来调整和修饰眼形，增强眼部的神采，也是发展至今最为成熟的化妆产品，种类非常丰富，有眼线笔、眼线膏、眼线液、眼线液笔。

（1）眼线笔。眼线笔外形如铅笔，芯质柔软。特点是易于描画，效果自然。

（2）眼线膏。眼线膏是近几年最受欢迎的眼线产品，色彩饱和，质地轻柔，极易描绘，妆效持久。

图 7—9　眼线产品

（3）眼线液。眼线液多为半流动液体，配以细小的毛刷。眼线液最大的好处就是超级防水的处理，很持久，但是操作难度也很大。

（4）眼线液笔。眼线液笔是在眼线液的基础上，更加容易操作的新产品。

5. 睫毛膏

用于修饰睫毛的化妆品，使用睫毛膏（见图7—10）可使睫毛更加浓密和纤长，增加眼部神采与魅力。随着化妆技术的进步，睫毛膏的种类越来越多，尤其是刷头上的变化非常多样和新奇，同时有不同的颜色。

图 7—10　睫毛膏

使用方法：用睫毛刷蘸取睫毛膏后，从睫毛根部向上、向外涂刷。待其完全干后再眨动眼睛，以防弄脏眼部皮肤。

6. 眉部产品

眉部产品（见图7—11）随着化妆技术的进步，也在不断地发展和创新。尤其在亚洲妆容趋势的引导下，眉妆逐渐成为热潮。

（1）眉笔。有铅笔状也有自动旋出型。质地上有粉质、蜡质等不同软硬度。颜色有黑色、棕色、灰色等适合不同发色的需求。通常描绘出的眉毛妆感清晰，轮廓分明，多应用于专业摄影和舞台场合。

（2）眉粉。类似于眼影的块状，粉质细腻，要借助斜角眉刷来描绘，妆效自然真实，线条柔和，多用于生活妆容和裸妆。

图 7—11　眉部产品

（3）眉胶。形状类似睫毛膏，由刷头和膏体两部分组成。随着彩色染发的兴起，眉毛颜色的匹配要求会更高，用眉胶来改变眉毛本身的颜色和浓度，力求整体妆感的统一。

（4）眉液或眉膏。近些年随着化妆对妆效持久的要求，产品的防水性成为研发的重点方向。液体和膏状的眉部产品便因为其持久的防水性能、清晰利落的妆感，受到专业人士的爱戴。

7. 胭脂

胭脂（见图 7—12）是用来修饰面颊轮廓的化妆品。它可矫正脸型，突出面部轮廓，统一面部色调，使肌肤更加红润健康。常用的胭脂可分为粉状、膏状两种。

图 7—12 胭脂

（1）粉状胭脂。粉状胭脂外观呈块状，色泽鲜艳，有不同质地，使用方便，适用面广。

（2）膏状胭脂。膏状胭脂能充分体现面颊的自然光泽，特别适合干性、衰老肌肤和透明裸妆使用。

8. 唇膏

唇膏（见图 7—13）是彩妆品中运用最为广泛的产品，它用于强调唇部色彩及立体感，具有改善唇色，调整、滋润及营养唇部的作用。唇膏按其形状分为管状、软膏状等。

图 7—13 唇膏

（1）管状唇膏。此种唇膏最为经典和传统，易于携带，使用方便，有很多的质地，如哑光、水润、冰霜、丝绒、珠光。

（2）软膏状唇膏。这种唇膏或是牙膏管挤出来，或是放在盒中，最大的特点就是随意进行颜色的调配，是专业化妆师的首选。

9. 唇彩

使用唇彩（见图 7—14）可以突出唇部的立体感。唇彩质地细腻、光泽柔和、颜色自然，使用后会使唇部显得润泽，一般和唇膏配合使用。

图 7—14 唇彩

10. 唇线笔

唇线笔（见图7—15）外形如铅笔，芯质柔软，用于描绘唇部的轮廓线。唇线笔配合唇膏使用，可以增强唇部的色彩和立体感。选择唇线笔的颜色时应注意与唇膏属于同一色系，且略深于唇膏色，以便使唇线和唇色相协调。随着现代化妆技术的进步，唇线笔可以作为唇妆直接使用，或是唇膏打底之用，以使唇妆更为持久。

11. 妆前产品

此类产品的作用不容忽视，它们用在护肤品之后帮助其充分吸收，在彩妆品之前，使妆效更为持久，有着承前启后的重要作用。一般称为妆前产品（见图7—16）。这类产品各具特殊的功效，如控油、提亮、隐形毛孔、抚平细纹、校正肤色等，经过妆前产品的处理之后，皮肤就可呈现非常漂亮健康的状态，国际流行趋势中已经把这样的皮肤效果归在极致裸妆的范畴，更成为知名大牌争相推崇的后台妆容。

图7—15　唇线笔

图7—16　妆前产品

三、化妆品的化学成分

1. 散粉

散粉又称扑粉或香粉，是粉底产品中历史最悠久的一种。它的外观为白色、肉色或粉红色的粉末，除了具有不同香气和色泽的区别外，还可以根据不同遮盖力使用的效果，分为吸收性和黏附性的产品，配方中含较多粉质原料，适宜油性皮肤者使用，多在使用霜、脂型底妆之后敷用，能消除光泽并使皮肤有细腻感，也可在整体妆容全部完成后做定妆用。

配方：滑石粉、高岭土、碳酸钙、碳酸镁、氧化锌、钛白粉、硬脂酸锌、硬脂酸镁。

制法：香粉的制作过程包括混合、研磨、过筛、灭菌和包装。先将香精加入部分碳酸镁中搅拌均匀，再将色素与滑石粉在球磨机中研磨，加入其他粉料

化妆师 Makeup artist 应用（基础知识）

混合，研磨后再通过卧式筛粉机，最后灭菌包装。

不同类型的香粉分别适用于不同类型的皮肤和不同的气候条件，多油性的皮肤适宜使用吸收性较好的产品，而干燥性皮肤使用的香粉则要减少碳酸镁和碳酸钙的用量，还可以在香粉中加入脂肪原料，称为加脂香粉。

2. 粉饼

为了便于携带，常将散粉压实固化成粉饼，其原料和功能几乎和散粉相同，只是为了便于结块，含滑石粉、高岭土较多，还需另外加入少量油分和黏合剂。这种产品多半携带外出使用，所以应能耐一定的冲击强度，为此需要确定混合研磨方法、最佳成型压力和压缩方法等。

配方：滑石粉、高岭土、异十三醇、二氧化钛、白油、失水山梨醇单油酸酯、山梨醇、丙二醇、羧甲基纤维基、颜料、香料。

制法：将滑石粉和颜料混合着色后。与其他粉料一起充分搅拌均匀，加入黏合剂，再将香料喷雾加入，转入粉碎机粉碎，过筛，压缩成型。

3. 粉底乳

粉底乳可直接涂抹在脸上，具有容易涂抹、不油腻、清爽等优点，适合于社交场合的快速定妆。

粉底乳是将粉料添加在乳液中，由粉料、油脂、水经乳化而成，与单纯的乳液相比，稳定性较差，对配方和工艺的要求也较高。在颜料的选用、油相的组成、乳化剂的选用、乳化方法和胶体的利用上，有许多问题需研究。与普通乳液相比，由于粉底乳中无机颜料的种类不同，颜料表面的不同亲水性会发生对油—水分散的不均衡，而颜料表面溶出的离子则可能同表面活性剂作用。例如，用脂肪酸皂做表面活性剂时，从颜料表面溶出的高级金属离子会和表面活性剂作用生成不溶性的脂肪酸盐，使体系变得不稳定，这些都是需要考虑的。另外，为了防止颜料沉降和油—水两相分离，可利用保护胶体，如膨润土、高碳醇等。

配方：二氧化铁、滑石粉、硬脂酸、丙二醇、鲸蜡醇、白油、羊毛脂、肉豆蔻酸异丙酯、去离子水、羧甲基纤维素、膨润土、丙二醇、三乙醇胶、颜料、香精、防腐剂。

制法：将二氧化铁、滑石粉和颜料混合研磨（粉末相），去离子水中加丙二醇、三乙醇胶溶解（水相），将粉末相加入水相，用乳化剂使粉末分散均匀，保持在 70℃（混合相）。其他成分混合，加热溶解，保持在 70℃（油相）将混合相加入油相中进入乳化，乳化后边搅拌边冷却，至室温停止。

4. 粉底霜

粉底霜是将粉料添加到乳化膏中形成的，如在雪花膏中，添加适量的钛白粉、滑石粉或高岭土等粉料，就是最基本的粉底霜。这种粉底含油性成分较多，对皮肤的黏附性及遮盖力均强，且耐温性好，适合需要掩盖皮肤缺陷的人使用，既可修饰肤色，又有护肤润肤的作用，而且使用方便，效果自然，容易卸妆，很受消费者欢迎。

配方：滑石粉、高岭土、二氧化铁、白油、失水山梨醇单油酸酯、石蜡、羊毛脂、去离子水、颜料、香精、防腐剂。

制法：将滑石粉、高岭土、二氧化铁和颜料混合，用粉碎机粉碎后，分散在溶化的油相原料中，再将水溶性原料溶解在水相中，水相和油相混合乳化即可。

5. 唇膏

唇膏又称口红，可以赋予唇部动人的色彩和美丽的外形，同时还对唇部具有滋润保护的作用，我国古诗中"朱唇一点桃花殷"形象地描述了唇膏对于美容的作用。

由于唇膏是涂抹在唇上的，要求应具备以下性能：涂抹颜色要清晰，轮廓外形不能模糊；使用时滑爽无黏滞感；外观颜色和涂抹颜色要一致；使用一次后能在嘴唇上保持数小时不脱落、不化开，色泽持久不变；在夏季使用时不变形、不软化、不断裂等。

唇膏主要由着色剂和油性基质组成，其制造原理是将着色剂分散在油性基质中。近年来，唇膏中的着色剂品种越来越多，除了常见的红色系列外，还有金色系列、银色系列、紫色系列，甚至灰色系列，特别是珠光颜料的使用，使唇膏的色调、质感越来越丰富。按照性能的不同，唇膏中的色素可分为三类，即可溶性染料、不溶性染料和珠光染料。最常见的可溶性染料是溴酸红染料，也称曙红，它是溴化荧光素染料的总称，包括橘红色的二溴荧光素、朱红色的四溴荧光素、紫色的四溴四氯化荧光素等。溴酸红制成的淡青红色唇膏，涂在嘴唇上，由于 pH 值的改变而呈玫瑰红色，又称为变色唇膏。溴酸红染料对嘴唇有牢固持久的附着力，常与其他颜料合用，使色彩牢固。溴酸红不溶于水，在一般的油、脂、蜡中溶解性很差，要有优良的溶剂才能产生良好的显色效果。

不溶性颜料包括有机颜料、有机色淀颜料和无机颜料。有机颜料色泽品种很多，可按需要进行调配。不溶性颜料主要是色淀，它是极细的固体粉末，经搅拌和研磨后，加入油性基质中，涂在嘴唇上能留下一层艳丽的色彩，但附着力不好，必须同溴酸红染料合用。无机颜料如二氧化铁，加入少量可增加遮盖力和调色效果，如果加入量较多，制得的唇膏色调差，但覆盖力大、亮度好。

珠光颜料主要采用天然鱼鳞、氯化钴和云母—二氧化铁。天然鱼鳞色泽变化少，资源有限，产品的质量不稳定，价格也高，所以很少采用。氯化钴虽然价格便宜，但稳定性较差。云母—二氧化铁则由于综合性能优异而成为珠光颜料的主流，该产品使用平滑薄片的云母，在其表面形成一层均匀的二氧化铁膜。随着二氧化铁膜的厚薄不同，珠光色泽由银白色至金黄色不同。

油性基质包括油、脂、蜡，是唇膏的主体，含量约占 90%，对唇膏的性质有重要的作用。除了要求对颜料具有良好的分散性外，还必须具备一定的触变性，也就是柔软性，以便于均匀地涂敷在嘴唇上。在炎热的天气中不软、不溶、不走油，在寒冷的季节不干、不裂，使唇部滋润、有光泽又不过于油腻。

油类中使用较多的是精制药用蓖麻油，它能溶解少量溴酸红，赋予膏体适当的黏性。它还是唯一的高黏度植物油，在浇模时能使颜料沉降较慢，还能改善膏体渗油现象。但如果含量过高，会形成黏厚油腻的薄膜，使涂抹时有黏滞的感觉，所以其用量一般控制在 12% ~ 15%。白油为唇膏的润滑剂，但它常会影响唇膏的附着性，遇热还会软化并析出油，现已逐渐被取代。

使用蜡是为了提高产品的熔点，保持棒状形态。蜡类中的巴西棕榈蜡、小烛树蜡、蜂蜡和地蜡统称为硬蜡，少量使用就可提高产品的熔点，常用作唇膏的硬化剂，保持棒状唇膏的形状。其中，地蜡还可以较好地吸收白油，使唇膏在浇模时收缩而与模型分开；巴西棕榈蜡和小烛树蜡使用少量即可大大提高唇膏的硬度，并可保持膏体表面光亮；蜂蜡的附着性好，与唇膏中的其他成分相容性好，在提高唇膏熔点的同时不会严重影响硬度，可以缓和和其他硬蜡含量过高引起的脆性。

脂类原料的主要作用是使唇膏中各种油、蜡混合均匀，还有助于颜料的分散，其中尤以羊毛脂及其衍生物的应用最为广泛。适量加入羊毛脂，对防止油相的油分析出、抵抗温度和压力的突然变化有很大的作用。它还是一种良好的滋润剂，是唇膏不可缺少的原料，用量为 10% ~ 30%。值得一提的是，可可脂的熔点接近体温，使唇膏很容易涂敷在唇部，但用量太大会使唇膏表面失去光泽，一般最高用量不超过 6%。

唇膏的制造是利用蓖麻油等溶剂对色素原料的溶解性，使其溶解，并混合于油、脂、蜡中，经三幅机研磨及在真空脱泡锅中搅拌，脱除空气泡，制成细腻致密的膏体，浇模成型，再经过文火展烘，制成表面光洁、细致的唇膏。主要可分为颜料的研磨、色浆与基质的混合、真空脱泡、铸模成型、表面上色共五个步骤。

6. 膏状胭脂

膏状胭脂是将颜料分散在油性基质中制成的，其配方中油脂含量占70%～80%，特点是使用方便，涂展性好，上色均匀。

将粉料和颜料烘干后磨细过筛，混合均匀，再加入加热溶化的油脂中，用滚筒机研磨，调色后真空脱气而成。

7. 眉笔

眉笔采用油、脂、蜡和颜料配制而成，原料的配比不同会影响笔芯的硬度和滑度。笔芯太软，容易折断；太硬则难以描画，使皮肤发生炎症，因此硬度要控制在适当的范围中。

配方：氧化铁（黑）、滑石粉、高岭土、珠光剂、野漆树蜡、硬脂酸、蜂蜡、硬化蓖麻油、凡士林、羊毛脂、角鲨烷、防腐剂、抗氧化剂。

制法：铅笔式笔芯的制法采用压条的方法，先将颜料、粉料烘干，磨细，过筛，再与熔化好的油、脂、蜡等原料混合搅拌均匀，倒入浅盘内冷却，凝固后切片，经三幅机研磨数次，放入压条机注成笔芯，将原料的自然结晶研碎后再压制成型，笔芯软且韧。

8. 眼影

眼影用于眼睑处的阴影塑造，使眼睛富于立体感，以达到增强眼睛神采的目的。眼影的色调非常丰富，从蓝色、棕色、灰色等暗色调到绿色、橙红色和桃红色的亮色调都有，还有珠光色调的眼影，可使眼部的修饰看起来更加有光泽和质感。

膏状眼影有油性和乳化型两种。油性眼影是将颜料粉体均匀分散于油脂和蜡基中的混合物，其中不含水，适用于干性肌肤，化妆的持久性较好。乳化型眼影则是将颜料分散在乳化体中得到的，适用于油性肌肤，但持久性不好。

配方：凡士林、白油、羊毛脂、巴西棕榈蜡、PEG-6 圭基酚醚或滑石粉、硬脂酸、硬脂酸单甘酯、肉豆蔻酸异丙酯、硅铝酸镁、三乙醇胺、去离子水、丙二醇、珠光颜料、无机颜料、香料、防腐剂。

固状眼影是将各种色调的粉末在小浅盘上压制成型后，装于小化妆盒内，携带和应用都很方便。眼影的配方和制法和胭脂相类似，但着色剂含量更高。

配方：滑石粉、硬脂酸锌、群青蓝、黑色氧化铁、氢氧化铬、黄色氧化铁、云母—二氧化铁、羊毛脂、蜂蜡、白油。

9. 睫毛膏

美丽的眼睛如果缺少长而浓密的睫毛，会像没有纱幔的窗户，显得过于直白，缺少韵味。睫毛膏可以弥补睫毛较短、纤细和色淡的不足，使睫毛显得浓密、卷翘、饱满、修长而富有弹性。通常有黑色、棕色、青色和紫色。睫毛膏须具备以下特性：

（1）对眼睛无刺激。

（2）附着均匀，不引起睫毛黏结成块。

（3）可使睫毛卷曲定型。

（4）有适度的光泽和一定的干燥速度。

（5）抗水性能，不怕汗水、泪水或雨水的侵蚀。

睫毛膏根据性能的不同，可分为防水型和耐水型两种。防水型主要是蜡基和颜料分散于挥发性碳氢溶剂的体系，耐水型主要是以硬脂酸、皂基为基质的体系。这类配方涂在睫毛上感觉柔软，易于卸妆，对眼睛刺激性小。

睫毛膏是以油脂、蜡和三乙醇胺为主要成分制成的乳化型膏霜，加上颜料，装入软管。在打开睫毛膏时，不要将睫毛刷直接拉出来，而是将睫毛刷慢慢拉出来，在开口处旋转一下，将多余的膏体去掉。

配方（防水型）：蜂蜡、地蜡、硬脂酸、三乙醇胺、硬脂酸铝、蚕丝粉、石油醚、防腐剂、颜料。

制法：将硬脂酸铝、三乙醇胺加入溶剂中加热至 90℃溶解，蜡类加热溶解后也加入溶剂中，再加入颜料搅拌至室温，不使颜料沉淀。

10. 眼线类化妆品

眼线类化妆品用在睫毛根部描绘细线，可扩大和突出眼睛的轮廓，修饰和改变眼型，使眼睛层次清晰明亮。由于在眼部使用，要特别注意安全。具体要求如下：

（1）无毒性和绝对无刺激作用。

（2）容易描画线条。

（3）涂抹的干燥速度比较快。

（4）涂抹干燥后柔软，有耐水性和耐油性，不易因汗水脱落。

（5）便于卸妆。

眼线产品有固态和液态两种，其中眼线液有油剂和水剂之分，水剂包括薄膜型和非薄膜型。

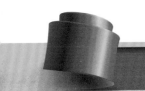

第 2 节

化妆安全知识

一、化妆品卫生规范

中华人民共和国卫生部于 2007 年 1 月公布了《化妆品卫生规范》，规范从 2007 年 7 月 1 日执行，规范在"总则"中规定（摘录）：

1. 范围

本规范规定了化妆品原料及其终产品的卫生要求。

2. 定义

化妆品是指以涂擦、喷洒或其他类似的方法，散布于人体表面任何部位（皮肤、毛发、指甲、口唇等），以达到清洁、清除不良气味、护肤、美容和修饰目的的日用化学工业产品。

3. 化妆品卫生要求

（1）一般要求。在正常以及合理的、可预见的使用条件下，化妆品不得对人体健康产生危害。

（2）原料要求。化妆品使用的原料必须安全，不得对施用部位产生明显刺激和损伤，且无感染性。

1）化妆品的微生物学质量应符合的规定。眼部化妆品及口唇等黏膜用化妆品，以及婴儿和儿童用化妆品菌落总数不得大于 500 CFU/mL 或 500 CFU/g；其他化妆品菌落总数不得大于 1 000 CFU/mL 或 1 000 CFU/g；每克或每毫升产品中不得检出粪大肠菌群、铜绿假单胞菌和金色葡萄球菌；化妆品中霉菌和酵母菌总数不得大于 100 CFU/mL 或 100 CFU/g。

2）化妆品中有毒物质不得超过的规定限量：汞的限量 1 mg/kg，铅的限量 40 mg/kg，砷的限量 10 mg/kg，甲醇的限量 2 000 mg/kg。

二、化妆品的保管与鉴别

化妆品是直接涂于皮肤表面的产品，好的化妆品能够滋润，营养皮肤；而劣质的化妆品对皮肤有一定的刺激作用,长期使用容易引起各种皮肤病变。因此,化妆师必须了解有关保管与鉴别化妆品的常识。

化妆品的保管与鉴别是十分重要的，妥善保管化妆品对保证其功效的发挥有着重要的作用。化妆品如果存放时间过久或保存不当，很容易变质。化妆品在保管时应防污染、防热、防潮、防晒、防冻、防挤压。化妆品品质鉴别方法见表7—1。

表 7—1　　　　　　　　　　化妆品品质鉴别方法

化妆品质地分类	正常品质特征	变质特征
流体型	液体透明，味感清新，无沉淀，用后皮肤润滑	液体混浊，有沉淀及出现变色、变味现象
乳液型	乳体细腻，味淡，用后皮肤滋润	乳体出现絮状，产生渗水和变色、变味现象
膏霜型	膏体润滑、细腻，渗透性强，皮肤用后滋润爽滑	膏体变色、变味，油水分离或生霉斑
油剂型	油体饱满、润滑、流动性好，可滋润皮肤	油体发散及变色，变味
粉型	粉状细腻，成型效果好	出现结块
啫哩型	晶莹、饱满、润泽、有弹性、渗透性强，皮肤用后清新滋润	出现絮状、干燥及变色、变味

三、常用化妆品的使用、保存期和品质鉴定

1. 胭脂

每日使用 1 次。保存期为膏状 2 年,粉状 3 年。变质性质表现为变味、结块、干裂、析出粉状物、变色。

2. 眼线笔（液）

每日使用 1 次。保存期为液体 6 ~ 12 个月，固体笔 2 ~ 3 年。变质性状表现为液体变干枯或水粉分离，笔状则为脱色。

3. 眼影

每日使用 1 次。保存期为粉状 2 ~ 3 年，霜状 1 年。变质性状表现为粉状、析出油分碎为细屑；霜状表现为结块。

4. 粉底

每日使用 1 次。保存期为液体状 2 ~ 3 年，粉状 3 年。变质性状表现为乳液型，水油分离、变味、变色，粉状变光滑或发霉。

5. 唇膏

每日使用 2 次。保存期为 2 ~ 3 年。变质性状表现为溶化，产生异味。

6. 睫毛液

每日使用 1 次。保存期为 3 ~ 6 个月。变质性状表现为干燥、结块、析出油分。

7. 蜜粉

每日使用 1 ~ 2 次。保存期 3 年。变质性状表现为油分析出，表面变得光滑。

除此之外，在使用化妆品时必须细致审阅化妆品的生产日期、保质期及产品说明书。

四、化妆护理安全知识

化妆是为了美化容貌，但美的容貌不能完全依赖于化妆，更不能一味地追求化妆所产生的美感而忽视了皮肤本身的美和健康。作为化妆师，在熟练掌握化妆技术的同时，更应懂得对皮肤的正确护理，使人们在通过化妆美化容貌的同时又拥有健康而漂亮的肌肤。

面部皮肤常暴露在外，皮肤上很容易附着一些对皮肤有害的尘埃、致敏物和细菌等物质，如再加上皮肤自身的一些代谢产物，都会影响到皮肤健康。如果在化妆前不将皮肤清洁干净，皮肤上的众多附着物会与化妆品混合在一起，牢牢地覆盖在皮肤的表面，给皮肤带来严重的损伤，这也是很多问题皮肤的诱因。

1. 卸妆

做好卸妆工作对皮肤的健康非常重要，由于化妆是借助化妆品在皮肤表面的附着来实现的，而粉饰类化妆品都具有较强的遮盖性，长期使用会影响皮肤正常的呼吸和排泄等功能，所以化妆后要及时、彻底地卸妆，以免皮肤受到损害。卸妆不彻底、卸妆方法不正确或力度过大等也会损害皮肤的健康。

卸妆应注意如下三个方面：

（1）卸妆时要正确选择卸妆用品。常用的卸妆用品有卸妆油、卸妆液和卸妆霜等。卸妆油用于底妆类产品的卸除，其中所含的油性成分可充分溶解皮肤上的化妆品，清洁霜主要用于日常淡妆及敏感性肌肤卸妆之用。卸妆水用于眼部、唇部等用擦拭方法卸妆的部位。

（2）卸妆之后依然要用洗面奶清洁面部的深层污垢，油性肌肤选择膏状洁面产品，干性肌肤选择泡沫型洁面产品更为舒缓。

清洁过后依然要使用清洁型化妆水来擦拭肌肤，一来清洁毛孔中残留的污垢，二来检验清洁工作是否彻底。

（3）每一个步骤都要顺着肌肤的纹理，不可太过用力，通常先卸除睫毛膏、眼线和眉部、唇部产品，然后在面部按照额头—面颊—鼻翼—下巴的顺序慢慢清洁肌肤。

2. 皮肤的日常保养

（1）准确合理地选择化妆品。选择化妆品主要依据的是皮肤的类型。如油性肌肤要选择油分含量低、偏水质的化妆用品，而干性皮肤要选择油分含量高的化妆用品。在选择时还应考虑季节因素，如在热而潮湿的季节，应选择比平时所使用的化妆品更为清爽的化妆品。在冷而干燥的季节，要选择比平时所使用的化妆品的油分含量更高一些、保湿性更强的化妆品。除此之外，年龄、环境等也是应考虑的因素。总之，在选择化妆品时考虑得越全面，对皮肤的健康越有益处。

（2）做好润肤。所谓润肤，是指在清洁后的皮肤上涂抹与肤质相适应的护肤品而使皮肤得到滋润的过程。化妆前的润肤对保护皮肤起着很重要的作用，特别是经常化妆的人对此更应重视。因为认真细致的润肤可以使皮肤得到充分的滋润和保护，可消除化妆品对皮肤的影响，就像建立起一道安全防线，更好地将皮肤和底妆联系在一起。

（3）控制带妆时间。带妆时间过长，会影响皮肤的呼吸和排泄功能，从而损害皮肤的健康，油性肌肤者、敏感肌肤者及经常化浓妆者应特别注意。带妆时间尽量不要超过 4 h。

（4）就寝前的卸妆。在晚间 10 时至次日凌晨 2 时，皮肤细胞新陈代谢最为活跃，是皮肤最佳的修复期。如果此时皮肤处于带妆的状态，会对皮肤造成严重损害，因此就寝前一定要彻底卸妆。